儿童茶艺指导用书

（幼教版·下册）

主　编/大可　景　萍
副主编/孟　倩　戴长靖
编　者/燕　盈　王春燕　马　越
武　晶　杜文婷

山东城市出版传媒集团·济南出版社

图书在版编目（CIP）数据

儿童茶艺指导用书：幼教版 / 大可，景萍主编. --济南：济南出版社，2018.11
ISBN 978-7-5488-3469-4

Ⅰ.①儿… Ⅱ.①大… ②景… Ⅲ.①茶艺—中国—儿童读物 Ⅳ.①TS971.21-49

中国版本图书馆CIP数据核字（2018）第251641号

儿童茶艺指导用书（幼教版·下册）

主编　大可　景萍

出 版 人　崔　刚
责任编辑　贾英敏　刘召燕
装帧设计　张　倩　陈　雪
音乐制作　宝琹（古琴演奏）　David、陈宁（录音）　倪诗韵（丝弦演奏）
编　　曲　燕　盈
朗　　诵　姬世玉　李媛媛　郑云榕　侯俣泽
演　　唱　郑云榕　侯俣泽
出版发行　济南出版社
地　　址　山东省济南市二环南路 1 号（250002）
编辑热线　0531-86100291
发行热线　0531-86131728　86922073　86131701
印　　刷　济南龙玺印刷有限公司
版　　次　2018 年 11 月第 1 版
印　　次　2018 年 11 月第 1 次印刷
开　　本　170mm × 240mm　16 开
印　　张　17.75
彩　　页　24
字　　数　196 千
印　　数　1-3000 册
定　　价　157.00 元（全三册）

与自然界的“茶”来一场亲密接触，回归自然宁静。

在行茶过程中，孩子们收获了传统文化带来的不一样的感受，这是我们最大的快乐。

从礼仪开始，专注地、有礼貌地开始一项仪式，使幼儿懂礼仪、有礼貌，行事有秩序、有规矩。

在诵读《诗经》与行茶礼中，建立恭敬的意识，培养恭敬的行为。

在行茶的过程中，点滴修正孩子们的体态，做一个知礼行礼、有爱心的智慧少年。

一起共修，我们互相滋养。

与孩子们一起，让我们可以停下来重新认知和思考，如何更好地生活，更好地行茶。

习茶可以培养孩子的专注力，养成良好的习惯，提高文化修养，从而奠定一生的成功基础。

成长就是这样，需要在不同的体验中感受带来的惊喜。

茶，很神奇，它可以让成年人更鲜活，让孩子更灵动。

走进茶体验课，以茶为载体，用习茶的过程浸润幼儿成长。在这里不是要求，是接纳；不是教学，是成长。在这里没有师生之别，有的只是与孩子共修，伴孩子成长。

前言

中国乃四大文明古国之一，五千多年的中华文化源远流长。茶的故乡在中国，茶文化是中国传统文化的重要组成部分，是中国人生活中不可缺少的一部分。历史上赫赫有名的丝绸之路、茶马古道，都与茶文化息息相关。

我国著名教育家陈鹤琴先生曾提出："活教育"的目的即在于"做人，做中国人，做现代中国人"。《幼儿园教育指导纲要（试行）》（后简称《纲要》）中也提到：要引导幼儿实际感受祖国文化的丰富、优秀，激发幼儿热爱祖国的情感。在幼儿期开展中华优秀传统文化教育，培养儿童文明修养，产生对民族文化的亲切感、自豪感，形成归属感、认同感，确立"我是中国人"的观念，必将推进新时代教育改革的发展。

为了让幼儿亲近、热爱中国茶文化，了解中国茶文化常识，形成文化积淀，同时让幼儿养成良好的行为习惯、礼仪行为，我们组织一批优秀的幼教工作者，经过反复实践研究，探索适合儿童的茶艺活动，并基于儿童的生活和兴趣，共同开发了这套符合儿童年龄特点及学习规律的《儿童茶艺指导用书（幼教版）》。本书以茶具、茶叶、茶礼、茶艺四大主题内容为载体，以文化浸润、生活体验、感受表现、有机融合为核心理念，为幼教老师提供适合幼儿园的茶体验活动室、班级区域环境创设模板样间，并专门为儿童研制开发儿童茶套组。同时设计了丰富的教学活动、游戏活动和生活活动，以情感为主导，以行动作指引，调动幼儿多种感官去观察、操作、体验、感受，积极、主动地建构有关茶知识的经验体系，使幼儿养成“动止有方、虚静结合、谦卑有礼、不急不躁”的大气情怀。

中国茶文化博大精深，我们希望通过茶艺课程，让幼儿在行茶中学习茶礼，能知礼、明礼、达礼；从赏茶、备器、泡茶、敬茶到品茶，构建幼儿的秩序感，学会安静与专注，懂得对茶、水、器这些“物”要心存恭敬；从欣赏大自然的茶山、茶乡、茶树、茶叶到茶具的造型、色彩及书法绘画作品，培养幼儿的审美情趣，提升幼儿的审美能力。

儿童茶艺课程体系的研发现处于起始阶段，还存在一些缺陷和不足，恭请茶艺界和幼教界的同行批评指正。

以茶润心，以茶载礼，用茶影响孩子，让孩子影响世界！

编者

2018 年 8 月 13 日

目录

第一章

茶艺课程概述

本部分包含文化背景、核心理念、体系架构、评价方法及实施建议。教师可以通过阅读本部分内容，系统地了解本书的宗旨。在组织教学活动中，教师可将四大主题内容与幼儿园基础性课程进行融合，也选择适宜的活动融合在每周活动中实施，还可根据基础性课程主题、班级实际情况、幼儿兴趣需求调整一日活动安排，开展各类活动。

一、文化背景

习近平总书记指出，优秀传统文化是一个国家、一个民族传承和发展的根本。中华传统文化博大精深，学习掌握各种优秀传统文化，对树立正确的世界观、人生观、价值观都非常有益处。自 2010 年以来，教育部先后通过和印发了《完善中华优秀传统文化教育指导纲要》《关于实施中华优秀传统文化传承发展工程的意见》等文件，通过举办“寻找最美少年”大型公益活动、中华优秀传统文化网络知识竞赛等活动，把大力发展中华传统文化以及传统文化进校园作为固本工程和铸魂工程来抓。弘扬优秀传统文化，要有所选择，不断创新，认真汲取中华优秀传统文化的思想精华和道德精髓，坚定文化自信，努力实现中华传统美德的创造性转化、创新性发展。

茶文化是中国优秀传统文化的精髓，是中国人文精神的重要组成部分，体现了中国传统文化丰富、高雅、含蓄的特点。中国，是茶的故乡。茶乃中国人生活开门七件事（柴、米、油、盐、酱、醋、茶）之一，以茶为生，以茶明志，以茶会友，以茶待客，以茶施礼，以茶敬祖。茶是文人眼中的七件宝（琴、棋、书、画、诗、酒、茶）之一，从古至今，文人墨客不仅酷爱喝茶，还经常在诗词中描写和歌颂茶，留下了与茶有关的茶文、茶经、茶画等。

教师进行茶修，可以“以茶养德”，修品行、修心态、修智慧，在生活、工作中能时时澄明、自我觉知、自我修正，以达到内外兼修的美好境界。儿童茶艺课程，通过唤醒、激发、熏陶、浸润等方式，让幼儿了解茶叶（种类、历史故事、生长）、茶具（种类、名称、功能）、茶礼（礼仪、仪态）、茶艺（行茶、茶席美学、茶曲、环境）等茶文化的启蒙内容，在感知、体验和操作中进行内化于心、外化于形的文化熏陶，在高雅有趣的茶艺活动中将礼仪、礼节、礼貌融为一体，在幼儿幼小的心灵中播撒一颗“真善美”的种子，使其拥有恭敬之心、敬畏之心，培养有中国根、中国心、中国情的中国娃。

启蒙教育是中华优秀传统文化传承发展的“第一棒”，是“精神之根”的工程。以茶为载体的课程，要遵循幼儿身心发展特点、认知规律及学习特点，用儿童喜闻乐见的方式将茶文化精髓有机融合到生活中、游戏中和学习中，将蕴含博大精深的中国传统文化的“茶”种子埋在孩子们幼小的心田，将文脉传承和立德树人一体化，形成奠基幼儿后继学习和终身发展的优良学习品质。

二、核心理念

（一）文化浸润

“和”与“美”是中国茶文化的精髓。“和”是“以和为贵”“和而不同”的中华文化的本质，也是茶文化的核心，“和”体现的是人与人、人与自然、人与社会以及人自我心灵的和谐关系。阴雨天不能采茶，天气晴好方可采摘；在制茶进程中，焙火不能太高，也不能太低，而要恰如其分；沏茶时，投茶量要适中，投多则茶苦，投少则茶淡；分茶时，要用公道杯给每位客人分茶，茶汤才会不偏不倚……这些都表现了一个“和”字，所以说“和”是茶道的精髓。而“美”，是茶文化追求的最高愿景，是天地人、茶水情在“天人合一”“和而不同”哲学境界上的共同升华，是纯美茶叶和精美茶园的自然之美，是茶具的观赏之美，更是体现修养和修炼之功的茶韵之美。让幼儿接受茶文化的浸润，就仿佛种下一颗种子，这颗种子里包裹着恭敬、感恩、敬畏、包容。在沏茶、赏茶、闻茶、饮茶、品茶的过程中，幼儿逐渐理解、感受茶文化的精神内涵。通过茶文化的生活体验、游戏活动，幼儿从思想到行为都接受中国文化的熏陶，充满作为中国人的文化自信。

（二）生活体验

课程应以幼儿的发展为核心，而生活化是幼儿园课程的根本特性。《纲要》中也反复强调幼儿在生活中学习，在学习中生活。它既体现在活动内容的选择上，也体现在课程的组织形式上。茶，与成年人的生活息息相关，但与幼儿的生活还有距离。通过引导幼儿观察生活中长辈沏茶、饮茶，激发幼儿对茶的兴趣，学习茶文化知识、行茶及茶道礼仪，感受茶文化，体验茶文化。一是在学习方式上，让幼儿多以生活体验的方式进行赏茶、备器、泡茶、敬茶、品茶，熏修茶道礼仪。二是让茶道礼仪融入生活，如幼儿在奉茶时要懂得称呼礼仪，要双手奉茶，要说“请喝茶”，懂得续茶时要先人后己，知道敬茶时要长幼有序，先敬长者等，建立积极健康的人际关系，在生活体验中完成茶文化的学习。

（三）感受表现

茶之美无处不在：茶山茶乡茶树茶叶的天然淳朴之美，茶具的形态表面之美，品茶赏茶的优雅意境之美。茶艺活动，可以让幼儿懂得生活，学会审美并能大胆表现美。幼儿通过语言表达自己发现的美，用动作传递对美的感受，通过创作表现对美的理解，在不同形式和途径中表达，加深对茶文化的认识和理解，从而使幼儿的语言表达、动手操作、创造性表现等方面的能力得以发展，并在感受、表现过程中，养成大方得体、舒缓优雅的风度和气质，如女孩的淑女之德和男孩的中正之气。

（四）有机融合

幼儿对茶文化的认知不是割裂的，是多个领域的有机融合，如认识茶具，有对茶具名称、特征、材质认知的科学活动，有欣赏茶具、表现茶具的艺术活动，有学习执杯礼仪、敬茶礼仪的社会活动等。幼儿对茶文化的认知也是多种感官感知的有机融合，幼儿通过听、看、说、闻、触摸、体验等，获得完整的茶文化的经验。

三、体系架构

（一）目标体系

总目标：以茶为载体，基于幼儿生活，以幼儿喜闻乐见的形式渗透茶文化的精髓，让幼儿喜欢、接纳，并在幼儿心灵中播下一颗真善美的种子，培养幼儿良好的行为习惯，树立民族文化的亲切感、归属感，形成文化自信。

类别	总目标	分年龄段目标
茶具	1. 激发幼儿对茶具文化的喜爱，了解茶具的种类、名称、材质及功能。 2. 感受茶具的形态之美、表面之美、生活之美，初步提升幼儿的审美能力。 3. 培养幼儿良好的行为习惯，懂得爱护茶具，物归原处。	**小班** 1. 认识品茗杯、盖碗、公道杯，知道它们的名称、材质、用途。 2. 喜欢摆弄、探究品茗杯、盖碗、公道杯，并知道取放时应小心。 3. 对感兴趣的物品能仔细观察，发现其明显特征，具有初步探究的能力。 4. 熟悉《小茶壶》的歌曲旋律，理解歌词内容，知道茶壶的造型特征。 5. 能够积极参与，能模仿并学唱歌曲，尝试用动作表现不同茶壶的形态。
		中班 1. 认识茶套组，知道它们的来历、功能、名称。 2. 能对各种不同材质的盖碗进行观察比较，发现其相同和不同之处。 3. 在欣赏茶套组时，关注其色彩、形态等特征。 4. 能运用绘画、手工制作等方式对茶套组进行艺术表现。
		大班 1. 喜欢观察并乐于动手动脑，发现陶土茶具、瓷质茶具、玻璃茶具的不同之处。 2. 知道不同的茶具适合不同的茶类。 3. 简单了解养护茶具的方法，并尝试清洗茶具。 4. 知道喝完茶要清洗茶具，懂得爱护茶具，养成良好的收纳整理茶具的习惯。

续表

类别	总目标	分年龄段目标
茶叶	1. 激发幼儿对茶叶的兴趣和主动探究的欲望，了解茶叶的用途、功效特点。 2. 丰富对茶叶的情感，懂得以茶待客的恭敬之心，领略中华传统美德，感受茶文化的魅力。 3. 了解茶叶的起源和茶文化的悠久历史，培养幼儿民族自豪感。	**小班** 1. 喜欢接触茶叶，愿意主动了解茶叶的相关知识。 2. 在玩茶做茶的过程中，能够乐在其中。
		中班 1. 通过多种感官，能对茶叶进行观察比较，发现其相同和不同之处。 2. 能够说出几种常见的中国十大名茶的名称，尝试讲述其传说故事。 3. 了解茶叶的生长变化及制作工艺，愿意主动搜集有关茶叶的信息。
		大班 1. 能够区分六大茶类，了解其不同种类茶叶的特征。 2. 欣赏艺术作品，运用绘画、粘贴、手工制作等多种方式，了解茶叶的不同表现形式，获得愉悦的情绪体验。 3. 通过泡茶、赏茶、闻茶、饮茶、学习茶礼，增进同伴之间友谊，产生对茶叶的恭敬心，感受茶文化的魅力。
茶礼	1. 增强幼儿的自尊、自信，培养幼儿积极友善的态度和行为，激发幼儿热情好客、礼貌待人的情感。 2. 教育幼儿遵守日常生活礼仪，感受中华礼仪之邦的魅力。	**小班** 1. 保持正确的坐姿和站姿，习茶时保持平和的心态。 2. 保持良好的精神面貌，注重仪容仪表。 3. 懂得基本的茶礼貌用语，能大方地与人打招呼。 4. 愿意表达自己的想法，能口齿清楚地说出自己想说的事。 5. 习茶中注意倾听并能理解对方的话。 6. 愿意和小朋友一起游戏，能与小朋友友好相处，遵守游戏规则。 7. 尊重长辈，对他人有恭敬心。

续表

类别	总目标	分年龄段目标
茶礼		**中班** 1. 乐意与人交往，礼貌、大方，对人友好。 2. 喜欢参加各种茶活动，在活动中快乐、自信。 3. 喜欢诵读《弟子规》《茶经》，懂文明，知礼仪。 4. 愿意为大家分茶、请茶，懂得相应的礼节。 5. 知道习茶的基本礼仪，能按基本的礼仪规范自己的行为。 6. 对长辈有恭敬心。
		大班 1. 保持正确的坐姿、站姿和走姿。 2. 能有序、连贯、清楚地讲述茶经、茶诗、茶儿歌，感受其韵律美、意境美。 3. 懂得接纳、尊重他人，知道茶文化是中国的传统文化，为自己是中国人而感到自豪。 4. 能用基本准确的节奏和音调唱茶歌谣。 5. 积极参与艺术活动，愿意用表情、动作、语言等方式表达自己的理解。 6. 喜欢艺术活动，能用自己喜欢的方式大胆表达自己的感受与体验。
茶艺	1. 激发幼儿对茶艺的热爱，感受具有浓郁民族特色的中国茶文化。	**小班** 1. 喜欢听茶歌、看茶舞、赏泡茶。 2. 能被古色古香的茶环境、器具所吸引。

续表

类别	总目标	分年龄段目标
茶艺	2. 丰富幼儿的生活体验，感受茶艺多姿多彩、充满生活情趣的魅力。 3. 培养幼儿在行茶、品茶过程中感受美好意境的能力，提升审美情趣。	**中班** 1. 乐于欣赏跟茶相关的歌曲，愿意参加舞蹈表演。 2. 初步了解茶席布置的美感和秩序，喜欢茶艺环境的优雅、质朴。 3. 初步了解行茶十式的表现形式。
		大班 1. 学习行茶十式，掌握盖碗的泡茶方法，能用行茶十式来表现茶艺的美。 2. 愿意给伙伴和家人泡茶，感受茶之美、茶之礼、茶之韵、茶之味。 3. 在看茶、识茶、泡茶、品茶过程中，感受茶文化特有的生活情趣，了解中国茶文化，萌生民族自豪感，乐于传承茶文化。

（二）内容体系

本课程方案根据已经确定的目标体系，选择幼儿园课程的内容。根据《纲要》精神，幼儿园茶文化教育的内容是启蒙性的，根据茶文化的内涵划分为茶之器、茶之叶、茶之礼、茶之艺四大版块，各版块的内容都应促进幼儿身体、社会性、认知能力、语言表达、艺术表现等多方面的发展。教育活动内容的选择体现茶文化特点，在教学方法上注重生活化、游戏化、趣味化，符合幼儿学习与发展的特点，使课程内容既有传统性、文化性，又具有趣味性和适宜性。

（三）实施体系

1. 理解茶文化理念。在使用和实施本课程时，要注重对茶文化理念的学习和理解。理念是课程的灵魂，教师要认同茶文化理念，并将茶文化理念内化于心，外化于形，才能更好地实施课程。

2. 重视四大版块内容的横向联系。茶之礼、茶之艺、茶之叶、茶之器四大版块之间是相互关联的，由此及彼，延伸扩展，自然地连成一体。如认识茶具时可以渗透茶艺，认识茶叶时可以融入茶礼，从而帮助幼儿从不同层面完成学习，系统化地建立对茶文化的感知与学习。

3. 关注幼儿生活体验。茶文化课程要融入幼儿生活，不是让幼儿生硬地模仿和认知，而是让幼儿先体验，在体验中感受，在体验中认知。通过还原幼儿的生活，帮助幼儿将零散的知识生活化。

4. 注重环境对幼儿的影响。在茶文化对幼儿的浸润过程中，环境的创设及氛围的营造必不可少。陈鹤琴先生说过："儿童教育要取得较大的效益，必须优化环境。"因此，环境是重要的教育资源，可利用园内外环境中的有效资源，促进幼儿对茶文化的感知。如在区角中布置各种精美茶席、茶具，投放各种茶叶，播放适宜的音乐，让幼儿随时随地能跟随茶香感受茶的美、雅、静。

（四）评价体系

教育评价是幼儿园教育的组成部分，是对教育实践的成效及价值做出判断的过程。做好评价工作，首先要树立科学的评价观，遵循评价的原则，采用多种评价方法。要充分理解和尊重幼儿的个体差异，让幼儿按照自己的节奏发展。对茶文化课程的评价要体现茶文化的特点，可以从以下几方面进行评价：

1. 活动目标、内容、教学方法是否符合幼儿年龄特点。

2. 教育内容及教学方法是否能激发幼儿对茶文化的兴趣。

3. 幼儿是否能在日常生活中实施行茶礼仪。

四、实施建议

在博大精深的中国传统文化中，茶文化不过是沧海一粟，但却占据着重要的位置。在幼儿园实施教学过程中，茶文化课程是为了丰富幼儿园课程，不能替代主题课程。为了让幼儿园更好地实施本课程，既不影响主题课程的实施，又能让幼儿“润物细无声”地浸润茶文化，特提出以下建议，仅供参考。

1. 设每周“品茶日”，教师为幼儿冲泡各种茶，或让幼儿用不同材质的茶具品茶，或让幼儿尝试行茶。幼儿在这一天与茶亲密接触，感受茶的沉静与高雅，熏陶茶文化的“和”与“美”。

2. 创设自然、清新、雅致的环境，营造高雅、悠然、和谐的氛围，让幼儿获得精神愉悦，体味高雅的品茗情趣。如配上韵律优美的中国古典名曲作为背景音乐，把茶的自然美渗透进幼儿的心灵，引发幼儿心中美的共鸣，让幼儿深切地感受高雅、温馨的气氛。

3. 本课程注重在生活中的渗透与延伸。要积极争取家长的配合，如让小班和中班幼儿在家中为长辈或客人敬茶，大班幼儿可以在家中为长辈或客人行茶等。

4. 依据幼儿年龄特点实施本课程。小班每周 1 课时，中班每周 1 ~ 2 课时，大班每周 2 课时。对于方案中提供的活动设计可根据本班幼儿对活动的兴趣和理解，灵活掌握课时。

5. 本方案中的活动设计只作为课程实施的参考，教师可根据自己对茶文化的理解和本班幼儿实际进行调整，通过实践、反思、改进、再实践，不断完善，实现自我成长。

6. 幼儿行茶可使用专为儿童设计的行茶套组。套组中茶具和茶席的设计要符合儿童年龄特点，如盖碗碗口和碗底的设计方便幼儿双手执碗及出汤，品茗杯的大小及高矮能让幼儿握于 2/3 处而不烫手，方便幼儿自如地进行行茶。

7. 课程资源中提供了适合幼儿倾听及诵读的《茶经》《诗经》《弟子规》等音频，以及中国古曲音乐，可引导幼儿在每天固定的时段进行欣赏跟读，如午休前或进餐时，使幼儿在耳濡目染中被厚重的文化内涵所滋养。

第二章

中华茶之器

教学活动一　认识瓷质茶具和玻璃茶具

设计意图：

水为茶之母，器为茶之父。在中国茶文化中，茶具用器考究，成为茶文化不可分割的重要组成部分。瓷质茶具和玻璃茶具是幼儿生活中常见的茶具，让幼儿通过观察、比较，了解两种茶具的不同，激发幼儿对茶具的探究兴趣。

活动目标：

1. 感受茶具的独特造型美及色彩美，对茶具产生探究兴趣。

2. 能准确区分瓷质、玻璃茶具，初步了解瓷质和玻璃茶具的种类、材质及功能。

活动准备：

1. 瓷质和玻璃茶具各五套，将茶具摆放在茶席中；绿茶、菊花茶。

2. 课件《认识瓷质茶具和玻璃茶具》、背景音乐《阳关三叠》。

活动过程：

一、营造茶文化氛围，激发幼儿兴趣。

1. 观察茶具实物，播放背景音乐，感受中国茶具的造型之美。

2. 谈话交流：你们看到了什么？有什么感受？这些茶具有什么不同？

二、分别出示瓷质茶具和玻璃茶具，对比不同。

1. 提问：仔细观察一下，这两组茶具有什么不同？（材质、造型、组成、结构、花色等）

2. 分别出示课件，介绍两种不同材质的茶具及其种类。

（1）观看瓷质茶具课件，了解瓷器的工艺、分类及功能。

提问：瓷器的种类很多，你知道哪些？你家里的茶具是什么材质的？

小结：瓷质茶具细腻、端庄、典雅、内敛而沉静。

（2）观看玻璃茶具的课件，了解其特征及功能。

提问：玻璃茶具具有什么优点？（玻璃茶具因其透明的特质，让我们在喝茶时不仅能品味茶香，还能看见茶色变化，直观感受茶的美）

小结：瓷器是中国的发明，是中国古代劳动人民智慧的结晶。瓷器有白瓷、青瓷、黑瓷，其中景德镇的白瓷最有名。用瓷质茶具喝茶，可以让我们享受到品茶的意境之美。

玻璃茶具通透明亮，用玻璃茶具泡茶，品茶的同时也可以观赏茶叶在冲泡过程中慢慢伸展的形态之美。用玻璃茶具泡茶散热快，能保持茶叶原有的味道。

3. 中国人喝茶的时候对茶具也很有讲究，你们知道怎么选择使用这两种茶具吗？

小结：像铁观音这样的绿茶最好选择白瓷或青瓷茶具，可以欣赏到翠绿清澈的茶汤。像花茶、水果茶、毛尖等类茶叶可以选择玻璃茶具，不仅口感好，还能观赏茶的冲泡过程。

三、茶艺展示，幼儿观赏品茶。

1. 教师行茶，用玻璃茶具泡菊花茶，并请茶；幼儿行善礼并表示感谢，然后品茶。

2. 幼儿行茶，用瓷质茶具泡绿茶，并请茶；教师行善礼并表示感谢，然后品茶。

活动建议：

让幼儿在家里观察爷爷奶奶喜欢用什么材质的茶具，爸爸妈妈喜欢用什么材质的茶具。

活动资源：

课件：《认识瓷质茶具和玻璃茶具》

背景音乐：《阳关三叠》

教学活动二　认识陶土茶具

设计意图：

陶土器具是人类最早制造的器具之一，历史久远。宜兴紫砂壶是陶土茶具的代表。让幼儿通过看、闻、摸等，获得对陶土茶具的完整认知，了解陶土文化，感受中国传统文化的博大精深，激发幼儿对中国茶具的喜爱之情。

活动目标：

1. 感受陶土文化的魅力，喜欢中国茶具。

2. 用多种感官感知陶土茶具的特点，了解其养护方法。

活动准备：

1. 紫砂茶具一套（其中，深色和浅色紫砂壶各一把），幼儿每组一套陶土茶具，绿茶、普洱茶，紫砂茶具图片，背景音乐《阳关三叠》、故事音频《供春壶》。

活动过程：

一、认识陶土茶具，感受陶土文化。

1. 播放背景音乐，教师使用陶土茶具行茶。

提问：今天老师行茶使用的茶具和瓷质茶具有什么不同？

2. 让幼儿看一看、闻一闻、摸一摸桌子上的陶土茶具。

提问：茶具是什么颜色？形状像什么？上面有什么花纹？闻一闻，有什么味道？摸一摸，有什么感觉？

3. 欣赏陶土茶具图片。

小结：这是陶土茶具。很久很久以前，我们的祖先发现，被水浸湿后的黏土有黏性和可塑性，晒干后会变得坚硬。后来，他们又发现晒干的泥巴被火烧之后，变得更加结实、坚硬，而且可以防水。于是陶器就随之产生了，这是我们的祖先发明的，是我们中国特有的。陶土茶具色泽古朴，造型丰富典雅，有的像莲藕，有的像竹结，有的像松段。

二、了解紫砂壶。

指导语：在陶土茶具中，紫砂茶具是最著名的。有一个好听的故事，老师讲给你们听。

1. 教师讲述故事《供春壶》。

提问：为什么叫供春壶？是在哪里做的？是仿照什么做的？

2. 欣赏紫砂茶具实物。

小结：紫砂壶是陶土茶具的代表，采用宜兴当地特有的紫砂泥焙烧而成，它传热慢，不会烫手；长期使用能吸附茶汁，长时间保持茶叶的色、香、味；热天盛茶，不容易变酸，突然遇冷或热也不会破裂。紫砂茶具有各种动植物的艺术造型，古朴别致、简洁大方。

3. 提问：知道紫砂壶适合泡什么茶吗？

（1）出示深色和浅色紫砂壶各一把，一杯普洱茶水，一杯绿茶水。

提问：普洱茶适合用哪一种壶泡？绿茶适合用哪一种壶泡？

（2）小结：紫砂壶泡茶，要根据壶的泥料、壶口或容量的大小来选择茶的种类，最好是一把壶只泡一种茶。紫泥、深色紫泥的壶泡普洱、红茶、黑茶相对好一些，淡色泥料的壶泡碧螺春、龙井、毛尖比较合适；壶口大的壶比较适合泡铁观音，容量小的壶比较适合泡绿茶。

三、陶土茶具的养护。

1. 引导语：你知道怎样爱护陶土茶具吗？

2. 幼儿交流讨论爱护茶具的方法。

小结：生活中，我们要轻拿轻放；陶土茶具特别怕油，沾到油后要马上清洗；茶具用完了要及时清洗晾干。

四、幼儿体验泡茶、品茶。

播放背景音乐，幼儿分组使用陶土茶具泡茶，请同伴品茶。

活动建议：

1. 鼓励幼儿观察生活中人们使用的茶具，并根据材质辨别茶具的种类。

2. 鼓励幼儿在生活中向长辈了解关于紫砂壶的常识。

3. 可让幼儿体验陶土制作。

活动资源：

供春壶

明代的龚春，幼年是个书童，他天资聪慧，虚心好学，随主人陪读于宜兴金沙寺，空闲的时候，帮寺里的老和尚制茶壶。传说寺院里有一棵银杏树，盘根错节，树瘤多姿。龚春朝夕观赏，仿照树瘤的姿态做了一把树瘤壶，造型独特，古朴可爱，生动异常。老和尚见了拍案叫绝，便把平生制壶的技艺倾囊相授，使他最终成为著名的制壶大师。他的制品被称为“供春壶”，造型新颖精巧，质地薄而坚实，被誉为“供春之壶，胜如金玉”。

陶土茶具图片

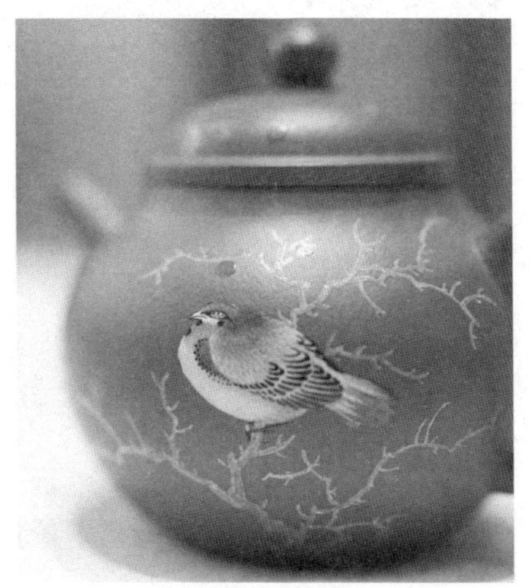

图片：陶土茶具

背景音乐：《阳关三叠》

故事音频：《供春壶》

教学活动三　欣赏中国茶具之美

设计意图：

中国的茶具，种类繁多，造型优美，每种茶具都呈现出不一样的韵致，既有实用价值，又富艺术之美。《指南》中指出，要引导幼儿“喜欢自然界与生活中美的事物”“喜欢欣赏多种多样的艺术形式和作品”，激发幼儿对美的感受和体验。本次活动，旨在让幼儿观察、欣赏不同茶具的材质之美、造型之美及色彩与花纹之美，感受中国茶具不同寻常的美，并能用语言表达自己对美的事物的感受，用自己喜欢的方式进行美的创作，初步树立文化自信。

活动目标：

1. 感受中国茶具蕴含中国元素的艺术之美。

2. 能用语言表达自己对美的事物的感受，用自己喜欢的方式进行美的创作。

活动准备：

1. 课前与家长共同寻找“最喜爱的茶具”，说一说对它的了解（如颜色、花纹、分类、制作工艺等），每位幼儿带一件自己喜欢的茶具。

2. 幼儿与家长一起按材质、造型、色彩与花纹等分类搜集各类精美茶具的图片，教师将图片制作成课件。

3. 布置各种材质的茶具“展览会”。

4. 各种茶具模型、纸张、画笔、颜料、陶土或纸黏土等美术创作材料。

5. 背景音乐《关山月》。

活动过程：

一、幼儿交流“最喜欢的茶具”。

1. 幼儿互相交流自己带来的茶具，说说喜欢的理由。

2. 说一说“我心中最美的茶具”。

二、参观茶具“博览会”。

1. 认一认，都有哪些材质的茶具。

2. 说一说，你最喜欢哪套茶具。

三、欣赏茶具课件。

1. 播放课件：欣赏茶具的材质之美。

提问：看了这些茶具，你有什么感觉?

小结：不同材质的茶具有不同的美。陶土茶具蕴含茶香，古朴典雅；瓷质茶具色泽柔和，轻轻敲击会发出清脆的声音；玻璃茶具晶莹剔透，光彩照人；金属茶具流光溢彩，富丽堂皇；漆器茶具轻巧美观，色泽光亮；竹木茶具色调自然和谐，美观大方。

2. 播放课件：欣赏茶具的造型之美。

提问：你喜欢哪种造型的茶具? 它像什么?

小结：茶具的造型十分优美，有的是仿照树木、花卉的枝干、叶片造型，或者根据动物形状制作，栩栩如生，给人质朴、亲切的感觉；有的是各种形状的，有球形、圆柱形、方形等，造型简朴，表面光滑，富有光泽；有的造型多变，或有书画，或有诗文，或有雕刻，带给人一种艺术的享受。

3. 播放课件：欣赏茶具的色彩与花纹之美。

提问：你最喜欢哪套茶具? 它的色彩或花纹是什么样子的?

小结：陶土茶具的色泽与材质所含矿物质成分密切相关，多为黄、红棕、棕、灰等颜色。瓷质茶具的花色品种丰富，变化多端，可分为冷色调与暖色调两类：冷色调包括蓝、绿、青、白、灰、黑等色调，暖色调包括黄、橙、红、棕等色调。漆器茶具多为黑色，也有黄棕、棕红、深绿等色，并融书画于一体，饱含文化意蕴。玻璃茶具质地透明，它的美更多表现在泡茶时茶叶在整个冲泡过程中的上下沉浮，叶片的逐渐舒展，带给人一种动态的艺术之美。茶具上还绘有山川河流、四季花草、飞禽走兽、人物故事等图案或者是名人书法、古人诗词等。此外，还有典雅的青花瓷花纹，蓝白相映成趣，色彩清幽淡雅，都体现了特有的中国元素。

四、表达茶具之美。

1. 指导语：中国茶具有着几千年的历史，美丽而雅致。我们用自己喜欢的方式表现“我心中最美的茶具”，表达自己对中国茶具的热爱。

2. 幼儿选择自己喜欢的材料进行创作。

活动建议：

1. 幼儿交流自己创作的作品。

2. 观察茶具美丽的色彩及花纹，用自己的方式记录下来。

活动资源：

课件:《中国茶具材质之美》

背景音乐：《关山月》

教学活动四　大家来泡茶

设计意图：

“美食不如美器”，历来是中国人的器用之道，茶具是茶文化历史发展长河中最重要的载体。茶叶种类繁多，不同的茶叶可用不同的冲泡器具来冲泡。本节活动旨在让幼儿观察泡茶过程中茶汤的变化，了解不同的茶叶应用不同的茶具。

活动目标：

1. 知道茶具的不同特点，并初步学会选择适合的茶具泡茶。

2. 喜欢观察不同的茶汤，乐于泡茶、品茶。

活动准备：

透明塑料杯、玻璃杯、紫砂壶、白瓷盖碗、茶叶（绿茶、红茶、乌龙茶）、热水、背景音乐《阳关三叠》。

活动过程：

一、看一看，辨别三种茶具——玻璃杯、紫砂壶、白瓷盖碗。

1. 出示玻璃杯、紫砂壶、白瓷盖碗，让幼儿进行观察，引起幼儿兴趣。

提问：你知道它们是什么材质的茶具吗？

2. 教师引导幼儿看一看、摸一摸三种茶具，让幼儿了解玻璃杯、紫砂壶、白瓷盖碗的外形特点，知道它们是常见的泡茶器具。

3. 教师小结三种茶具的特点。

玻璃杯是用玻璃制成的杯子，透视性好，可以清晰地看到内容物。

陶瓷杯就是用陶瓷做成的杯子，用来盛酒、水、茶等的器皿。

紫砂壶是中国特有的手工制造陶土工艺品，其制作始于明朝正德年间，制作原料为紫砂泥，这类茶具透气性好。

二、试一试，了解玻璃杯、紫砂壶、白瓷盖碗各适合泡哪种茶叶。

1. 展示准备的三种茶叶（绿茶、红茶、乌龙茶），请幼儿观察茶叶的外形、颜色，并闻闻干茶叶的味道，说说观察的结果。

教师小结三种茶叶的特点。

绿茶是茶树的新叶或芽未经发酵，经杀青、整形、烘干等工艺制作而成的。其制成品的色泽和冲泡后的茶汤较多地保留了鲜茶叶的绿色。

红茶属全发酵茶，具有红茶、红汤、红叶和味醇香甜的特点。

乌龙茶亦称青茶、半发酵茶，是中国茶类中独具特色的茶叶品类。

2. 将三种茶叶分别泡在透明的塑料杯中，泡茶过程中请幼儿仔细观察茶水颜色的变化。

让幼儿说一说茶汤的颜色（绿茶颜色较浅，红茶颜色微红，乌龙茶色为琥珀色）。

4. 讨论：你认为三种茶叶应该泡在哪一种茶具里?

小结：绿茶茶汤颜色较浅，泡绿茶最好选择玻璃杯。红茶选择陶瓷杯，可以令红茶汤色清晰可见，韵味十足。乌龙茶一般用紫砂壶，紫砂壶透气性好又不透水，具有较强的吸附力，可以融合乌龙茶的香气。

三、泡一泡，看看茶叶在茶具中的样子。（播放背景音乐）

1. 幼儿将绿茶、红茶、乌龙茶分别泡在玻璃杯、白瓷盖碗和紫砂壶中。

2. 再次观察在不同茶具中茶汤的变化。

3. 尝一尝三种茶的味道，说一说喝茶的感受。

教师小结：不同的茶叶应用不同的茶具。在适合它们的茶具中，它们的茶香味才能充分释放出来。

活动建议：

1. 准备观察记录表，让幼儿记录三种茶叶所选择的茶壶种类，并观察茶汤颜色，进行填写。

2. 请幼儿结合自己的生活经验和家人交流其他种类的茶叶应使用哪种茶具。

活动资源：

绿茶：可选用透明玻璃杯，应无色、无花、无盖；或用白瓷、青瓷、青花瓷无盖杯。

黑茶：一般选用紫砂的杯或壶。

黄茶：可选用奶白或黄釉瓷及黄橙色壶杯具、盖碗、盖杯。

红茶：可选用内挂白釉紫砂、白瓷、红釉瓷、暖色瓷的壶杯具、盖杯、盖碗。

白茶：可选用白瓷或黑瓷盖杯、盖碗。

乌龙茶：可选用紫砂壶杯具或白瓷壶杯具、盖碗、盖杯。

背景音乐：《阳关三叠》

教学活动五　茶具的洗护

设计意图：

茶具，对于茶人来说，更像是一种寄托精神、情绪、品味的载体，如何珍惜它、爱护它，应该从幼儿开始接触茶时就要进行教育和培养。本次活动通过让幼儿了解、学习清洗茶具的操作方法，培养幼儿良好的生活习惯和自理能力，并懂得爱护、养护茶具。

活动目标：

1. 知道喝完茶要清洗茶具，懂得爱护、养护茶具。

2. 简单了解养护茶具的方法，并尝试清洗茶具。

活动准备：

1. 幼儿向家长了解清洗茶具的方法，并绘制清洗茶具步骤表格。

2. 清洗茶具的视频、图片。

3. 有茶垢的茶杯。

4. 洗洁精、去茶垢的辅助用品、抹布。

活动过程：

一、教师出示有茶垢的茶具，引导幼儿说说如何清理茶垢。

1. 提问：你有哪些清洗办法?

2. 幼儿交流自己绘制的清洗茶具步骤表格。

二、幼儿观看清洗茶具的视频，了解清洗茶具的主要过程。

1. 提问：在视频中，清洗茶具有哪些步骤?

2. 小结：清洗茶具步骤有浸泡、擦洗、冲洗、擦干、摆放。浸泡时加 1 ~ 2 滴洗洁精，擦洗时不要太用力，茶垢可以用牙膏擦拭。冲洗时从里到外进行，用干净的抹布擦干水。轻拿轻放，摆放整齐。

三、幼儿学习洗护茶具。

1. 每位幼儿清洗一个有茶垢的茶杯。

2. 幼儿交流清洗茶杯的结果和感受。

小结：最好的清洗方法是在每次喝完茶后，把茶叶倒掉，然后清洗茶具，即使什么清洗工具都不用，也能让茶具保持明亮光泽。茶具是我们品茶的器具，我们要珍惜它、爱护它，使用时要轻拿轻放，使用之后要及时清洗干净并物归原处。

四、了解新茶具的清洗方法。

引导语：新茶具应该怎样清洗呢?

1. 幼儿交流自己的办法。

2. 小结：新茶具可以用细砂布轻轻摩擦，千万不要用粗砂布打磨，不然会伤及表皮。首先，用水或布洗擦去表面的尘灰和里面的陶屑。然后再放到茶叶水锅里，连同茶叶，小火煮沸，水开后熄火，用余热焖壶，直到茶水凉了，再点火煮沸。这样反复 2 ~ 3 次，新壶的土味就会去掉，并且让新壶得到滋养。最后取出新壶自然晾干，就可以沏茶使用了。

活动建议：

在家中帮爸爸妈妈清洗茶具、碗筷等餐具，提高幼儿的自理能力。

活动资源：

视频：《茶杯清洗》

图片：茶具的洗护

图片：清洗茶具步骤图

区域活动（美工区） 纸杯茶壶

活动经验：

1. 了解茶壶的基本构造，由壶身、壶盖、壶嘴、壶柄四部分组成。

2. 通过设计制作茶壶，感受手工制作的乐趣。

活动材料：

纸杯、圆形绒球或圆珠、吸管、剪刀、彩色卡纸、双面胶。

指导建议：

1. 出示纸杯茶壶，引导幼儿欣赏，引起其兴趣。

引导语：这是什么？这茶壶有什么特别的地方？你知道它是用哪些材料做的吗？

2. 鼓励幼儿探索纸杯茶壶的制作方法，纸杯怎样才能变成茶壶。

（1）将纸杯倒扣在彩纸中间，用笔沿纸杯口画出比杯口略大的圆形，剪出圆形后，再将圆形绒球或圆珠粘到彩纸中间做成壶盖。

（2）将彩纸剪成长条形，固定在杯身上，整理成手柄形。

（3）将吸管一端剪开，固定在手柄的对面，另一端剪出尖嘴作壶嘴，纸杯茶壶就做好了。

3. 幼儿操作，教师观察，给予指导，反馈信息。

4. 集体展示作品，组织幼儿参观。

5. 小结：在制作纸杯茶壶的过程中，我们了解了茶壶的基本构造。茶具对茶文化的发展和演变具有一定影响与推动作用。应该说，没有茶具的发展，就不会有茶文化的丰富。这节活动我们通过制作小茶壶，感受到了茶具的魅力。

活动资源：

制作纸杯茶壶的材料

图片：美工区纸杯茶壶

第三章

中华茶之叶

教学活动一　大红袍的传说

设计意图：

茶文化是中华文化的一个重要组成部分，它的内涵极其丰富。中国茶叶历史悠久、种类繁多，其中最有代表性的有十大名茶，大红袍被誉为“中国十大名茶”之一。此活动设计让幼儿认识大红袍茶叶，并了解名称的由来及制作工艺，让幼儿走近红茶，爱上红茶。

活动目标：

1. 理解故事内容，感受大红袍传说的神奇。

2. 能初步复述故事，简单了解大红袍的制作过程。

活动准备：

1. 向父母请教茶叶的名称，了解相关知识。

2. 课件《大红袍的传说》、大红袍茶叶、故事音频《大红袍的传说》。

活动过程：

一、谈话导入，激发幼儿兴趣。

提问：你知道中国有哪些著名的茶叶吗？它们叫什么名字？

二、讲述故事《大红袍的传说》，幼儿欣赏并思考。

1. 教师讲述故事第一段，并根据故事内容出示图片。

提问：穷秀才在进京赶考的路上发生了什么事？是谁救了他？怎么救的他？

2. 教师讲述故事第二段，请幼儿思考。

提问：穷秀才考中状元后，他为什么要去武夷山？茶树长什么样？

小结：秀才中了状元后去武夷山报恩。高大的茶树，枝叶繁茂，吐着一簇簇嫩芽，在阳光下闪着紫红色的光泽。

3. 教师讲述故事第三段，引导幼儿说一说。

提问：穷秀才准备把茶叶进贡给谁？由此，秀才得到了什么奖赏？秀才来到武夷山封赏，结果出现了什么奇异的事件？

三、播放故事音频《大红袍的传说》，完整欣赏故事。

四、幼儿分小组，自由讲述《大红袍的传说》。

先以小组为单位共同回顾故事，熟悉后每组请一名代表到台前给大家讲述故事。

五、看一看，了解茶叶的制作过程。

1. 提问：你知道茶叶从哪里来吗？从树上采下来的茶叶可以泡茶喝吗？

制作茶叶是个很复杂的过程，我们一起来看看。（教师播放 PPT）

2. 启发讨论：刚才我们提到的是大红袍的制作过程，有很多环节，但是不是所有的茶叶都这样？你还知道什么不一样的制作方法？

活动建议：

1. 回家和爸爸妈妈一起探索茶叶还有哪些制作方法。

2. 在班级内进行相关图书的投放，内容包括中华茶文化、茶的起源和发展以及茶文化的小故事等。

活动资源：

大红袍的传说

传说古时，有一穷秀才上京赶考，路过武夷山时，病倒在路上，幸被天心庙老方丈看见。老方丈泡了一碗茶给他喝，他的病就好了。后来秀才金榜题名，中了状元，还被招为东床驸马。

一个春日，状元来到武夷山谢恩，在老方丈的陪同下，前呼后拥，到了九龙窠，但见峭壁上长着三株高大的茶树，枝叶繁茂，吐着一簇簇嫩芽，在阳光下闪着紫红色的光泽，煞是可爱。老方丈说，去年你犯鼓胀病，就是用这种茶叶泡茶治好的。很早以前，每逢春日茶树发芽时，就鸣鼓召集群猴，穿上红衣裤，爬上绝壁采下茶叶，炒制后收藏，可以治百病。状元听了要求采制一盒进贡给皇上。

庙内烧香点烛、击鼓鸣钟，召来大小和尚，向九龙窠进发。众人来到茶树下焚香礼拜，齐声高喊："茶发芽！"然后采下芽叶，精工制作，装入锡盒。状元带了茶进京后，正遇皇后肚疼鼓胀，卧床不起。状元立即献茶让皇后服下，果然茶到病除。皇上大喜，将一件大红袍交给状元，让他代表自己去武夷山封赏。一路上礼炮轰响，火烛通明，到了九龙窠，状元命一樵夫爬上半山腰，将皇上赐的大红袍披在茶树上，以示皇恩。说也奇怪，等掀开大红袍时，三株茶树的芽叶在阳光下闪出红光，众人说这是大红袍染红的。后来，人们就把这三株茶树叫作"大红袍"了。有人还在石壁上刻了"大红袍"三个大字。从此，大红袍就成了年年岁岁的贡茶。

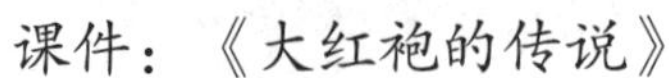

课件：《大红袍的传说》

故事音频：《大红袍的传说》

教学活动二　清香雅韵铁观音

设计意图：

铁观音属于青茶类，是中国十大名茶之一。通过介绍铁观音得名的由来以及铁观音的特征和冲泡方法，激发幼儿对茶叶的兴趣和主动探究的欲望，感受茶文化的魅力。

活动目标：

1. 了解铁观音名字的由来，感知铁观音茶叶的形状、颜色和味道。

2. 学习冲泡铁观音茶，体验泡茶带来的乐趣。

活动准备：

行茶套组一套、铁观音茶叶、茶杯每人一个，课件《清香雅韵铁观音》、故事音频《铁观音的传说》、背景音乐《关山月》。

活动过程：

一、出示铁观音茶叶，请幼儿观察。

提问：你们知道这是什么茶吗？它是什么颜色的？形状又是怎样的？闻一闻，有什么样的味道？

二、了解铁观音名字的由来。

出示课件，教师讲述故事《铁观音的传说》。

提问：铁观音的家乡在哪里？ 铁观音长什么样子？ 铁观音的名字是怎么来的？

三、欣赏教师行茶。

1. 播放背景音乐，教师演示行茶，请幼儿欣赏。

2.引导幼儿观察铁观音茶叶在泡水后有什么变化,并观察茶汤的颜色。

四、闻茶香,品茶汤。

鼓励幼儿大胆地把自己品茶的感受和发现与同伴进行交流。

五、活动延伸。

提问:谁知道铁观音茶有什么功效?

小结:铁观音有清热降火、提高免疫力、降压防贫血、美容保健等功效。

活动建议:

1.将铁观音茶投放在区角"小茶社"中,供幼儿观察与冲泡。

2.建议在午睡前或进餐前播放故事音频《铁观音的传说》。

活动资源:

铁观音的传说

铁观音已有200多年的历史,关于铁观音名字的由来,在安溪还有这样一个故事。相传,清乾隆年间,安溪西坪上尧茶农魏饮制得一手好茶,他每天都泡茶三杯,做什么呢?原来是供奉观音菩萨,十年从不间断,可见他对菩萨多么好。

有一天,魏饮梦见在山崖上有一株兰花香味的茶树,正想采摘时,一声狗叫把他的梦给惊醒了。第二天,他果然在崖石上发现了一株和梦里一模一样的茶树,于是采下一些芽叶,带回家里,精心制作。制成之后茶味非常香,喝完之后特别有精神。魏饮认为这是茶之王,就把这株茶挖回家了。几年之后,茶树长得枝叶茂盛。因为茶树长得像观音菩萨那样美丽,茶树也非常重,像铁一样沉,他做梦还梦到观音,所以就叫它"铁观音"。从此,铁观音就名扬天下了。

铁观音是乌龙茶的极品，它长得像蜻蜓头、螺旋体、青蛙腿。冲泡后黄黄的颜色，特别香。

课件：《清香雅韵铁观音》　故事音频:《铁观音的传说》　背景音乐：《关山月》

教学活动三　取片茶叶做书签

设计意图：

大班幼儿动手能力逐渐增强，能够运用多种工具、材料或不同的表现手法表达自己的感受和想象。本活动旨在让幼儿体验制作过程中的乐趣，激发幼儿探索、思考的欲望，进一步感受茶叶的魅力。

活动目标：

1. 选用多种茶叶制作书签，初步感受茶香与书香结合的美感。

2. 了解不同种类茶叶的特征，学习运用粘贴的方法制作书签。

活动准备：

1. 家长和幼儿共同搜集茶叶（特别是叶子较大一点的）。

2. 压膜机、铅笔、固体胶、打孔机、丝带。

3. 打好孔的书签模板。

4. 不同种类的书签。

活动过程：

一、茶叶展销会。

将幼儿收集的茶叶进行分类展销，并请幼儿进行介绍。

二、幼儿观察不同种类茶叶的外形特征，并大胆发表意见。

三、教师出示各种各样的书签，帮助幼儿了解不同种类的书签。

四、丰富想象，设计书签。

1. 激发幼儿想象，设计不一样的书签。

提问：你想设计什么样子的书签参加作品展?

2. 选择自己喜欢的背景书签模板。

五、自由创作，大胆表现。

1. 交代作品要求：先自主选择喜欢的茶叶，然后根据自己的想法选择不同背景的书签，在书签上设计茶叶的拼摆图案，最后进行粘贴。

2. 在老师的帮助下进行压膜。

3. 打孔、系丝带。

活动建议：

1. 在美工区投放茶叶和书签，幼儿可根据兴趣自主游戏。

2. 将制作好的书签投放在图书区，供幼儿使用。

教学活动四　茶末粘贴画

设计意图：

设计本活动，旨在让幼儿了解茶叶的不同表现形式，获得愉悦的情绪体验。

活动目标：

1. 欣赏茶末画，感受茶叶的不同形态带来的美感。

2. 学习用茶末进行粘贴画，体验作画带来的乐趣。

活动准备：

提前制作好的茶末、胶水、绘画纸、铅笔、茶末粘贴范画图片。

活动过程：

一、教师出示提前制作好的茶末，让幼儿大胆发挥想象。

提问：这些茶末可以用来做什么?

二、幼儿欣赏茶末画作品，并谈谈感受。

提问：在这些画上你都看到了什么? 你知道它是怎样做成的吗?

三、教师示范制作茶末画的步骤，请幼儿仔细观察。

1. 用铅笔在画纸上描绘出事物的轮廓（例如大山、房子、树等）。

2. 在绘画的轮廓上涂上胶水。

3. 将茶末有疏有密地撒在涂有胶水的地方，尽量表现出自己所画的事物。

四、幼儿自由创作，教师巡回指导。

五、教师点评幼儿作品。

活动建议：

举办茶末画作品展，同伴相互交流，在彼此交流中获得更多经验。同时，感受茶叶的另一种形态带来的美感。

活动资源：

图片：茶末粘贴画

教学活动五　欣赏《事茗图》

设计意图：

从制茶到饮茶，中国茶文化博大精深、源远流长，而相关美术作品可以说是茶文化的写照。在中国古代，文人雅士经常以诗词歌赋赞颂茶，很多画家也是将煮茶、品茶活动记录于画中。通过欣赏关于茶的名画，可以让幼儿更加直观地感受中国茶文化的历史，感受水墨画的意境之美，提高幼儿的艺术修养。

活动目标：

1. 欣赏《事茗图》，感受水墨画之美，并能用语言表达自己的想法与感受。

2. 尝试用水墨表现事物的远近，体验水墨作画的乐趣。

活动准备：

名画《事茗图》图片、宣纸、毛笔、墨水。

活动过程：

1. 教师出示名画《事茗图》图片，师生共同欣赏。

提问：你在画中看到了什么？里面的人物在干什么？画面的色调是怎样的？你有什么感受？

2. 通过赏析，让幼儿感受水墨画带来的意境。

总结：《事茗图》是明代画家唐寅的作品，描绘了文人雅士夏日品茶的生活景象。画中有群山飞瀑，巨石山岩，山下有翠竹高松，山间泉水蜿蜒流淌。一座茅舍藏于松竹之中，环境幽静。屋中一人看书、品茶，一童子在扇火煮茶。屋外板桥上，有客人来访，一个童子拿着琴紧随其后。泉水轻轻流过小桥，透过画面，似乎可以听见潺潺水声，闻到淡淡茶香。远山与近景相得益彰，画面显得开阔而清幽。

3. 教师演示用水墨作画，让幼儿感知如何用水墨表现事物的远近。

4. 分发绘画工具，幼儿尝试水墨作画。

5. 幼儿相互欣赏作品，教师点评。

活动建议：

1. 利用周末时间，组织幼儿到美术馆参观。

2. 与家长一起搜集有关茶的名画，提高幼儿的审美能力。

活动资源：

图片：《事茗图》

教学活动六　绿茶

设计意图：

绿茶属于六大茶类之一，是中国产量最多、饮用最为广泛的一种茶。本节活动通过让幼儿收集有关绿茶的知识、制作绿茶饮料，使幼儿在为祖国茶文化自豪的同时，激发对绿茶知识探索的兴趣，锻炼动手实践的能力。

活动目标：

1. 认识绿茶的特征，乐意了解茶文化。

2. 尝试制作绿茶饮料，对绿茶产生探究欲望。

活动准备：

故事音频《茶叶聚会》，课件《绿茶》，绿茶，80℃热水，各种果汁（桃汁、梨汁、橙汁、葡萄汁等），杯子人手一个。

活动过程：

一、讨论：你知道哪些绿茶的名称?

提问：谁了解有关绿茶的名称? 谁能把自己品绿茶的感受与小朋友一起分享？

二、介绍有关绿茶的知识。

1. 将幼儿收集和老师准备的绿茶放在桌子上请幼儿观察，说一说它的名字、形状、颜色以及味道。

提问：你知道这是什么茶吗? 谁能说说它的形状、颜色? 闻一闻，绿茶有什么味道?

小结：绿茶，属不发酵茶，它的品质特征为叶色、汤色黄绿，外形多样，滋润鲜醇爽口，香高色绿。

2. 播放课件，让幼儿了解绿茶的加工步骤。

小结：绿茶制作一般分为三个步骤，分别是杀青、揉捻、干燥。杀青是制作绿茶的关键程序，主要目的是保持茶叶色泽翠绿，散发青草气，促进茶香形成，同时去除鲜叶中的一部分水分，使叶质柔软，便于揉捻成形。揉捻的目的是使鲜叶的叶细胞破碎，提高成品茶的浓度，同时初步做成型。干燥是为了进一步去除茶叶中的水分，固定茶叶的外形，挥发青草气，并让香气进一步形成。

3. 介绍绿茶的功效。

提问：你们知道喝绿茶有哪些好处吗?

小结：绿茶有护齿明目、美容护肤、醒脑提神、降脂助消化等功效。喝绿茶有这么多的好处，所以深受人们喜爱。

三、幼儿自己动手制作绿茶饮料。

1. 指导语：喝绿茶有这么多的好处，让我们一起来制作“绿茶饮料”吧。

2. 教师示范讲解制作绿茶饮料的方法：先冲好绿茶茶水，提醒幼儿倒热水时要注意安全，再将茶水与幼儿带来的果汁进行勾兑。

3. 幼儿尝试制作绿茶饮料。待温度适宜时请幼儿观察颜色、闻闻气味，一边品尝一边向同伴介绍自己的绿茶饮料，也可请同伴品尝自己制作的绿茶饮料，并根据品尝者的建议改进配制方法。

4. 播放音频《茶叶聚会》，了解更多的茶饮料和茶点。

指导语：很多茶叶可以制作成茶饮料和茶点。今天老师带来了一个好

听的茶故事，我们一起来听一听。（播放音频）

小结：听完故事，相信大家对茶叶有了更多的认识，回家后可以和你的爸爸妈妈一同制作茶饮料和各种茶点吧。

活动建议：

1. 在教学前，可以组织幼儿准备果汁（如梨汁、橙汁、葡萄汁、苹果汁、桃汁等），让孩子利用带来的果汁动手制作“绿茶饮料”。

2. 教学活动中，教师要给予幼儿一定的帮助，如勾兑果汁、倒水等，随时关注幼儿的安全。

活动资源：

茶叶聚会

超级市场的货架上摆满了成千上万的货物。这些货物白天安安静静地躺在货架上，可是到了晚上，他们就高高兴兴地举行各种聚会。有一天晚上，主人拉下铁门后，装满茶叶的茶叶罐蹦蹦跳跳地跳上最高的货架上说：“各位茶的兄弟姐妹，大家自从在山上的茶园分手后被送到各个地方去加工，不但样子改变了，就连性情也改变了。可不可以利用今天晚上聚一聚，说一说各自的遭遇？”待泡茶首先脱掉外衣，拖着好像尾巴的长线说：“我是茶叶磨成粉末，再一小包一小包地包装起来，我叫待泡茶。”这时候，饮料架上传来一阵低沉的声音，原来是罐装饮料的乌龙茶在说话：“我还是叫乌龙茶，在工厂里已经泡过热开水了，还加了一些糖。有人说我是中国人的咖啡。”乌龙茶话一说完，就有罐装饮料在货架上跳起舞，唱起歌来。“奶茶、柠檬红茶，我们都是快乐的茶。牛奶加红茶，就是奶茶；柠檬加红茶，就是柠檬红茶。奶茶、柠檬红茶，我们都是快乐的茶。”奶茶和柠檬茶扭动着身体一唱一和，气氛好热闹。他们的歌声一停，糖果架上发出细细的声音：“大家好！我是茶糖，茶叶加糖做成的，请多指教！”茶叶馒头是茶叶做成的馒头，茶叶枕头是把泡过的茶叶晒干装进枕套里，他们也都一一作了自我介绍。这时候忽然咣当一声，锅盖掉到地上了。大家吓了一大跳，眼睛都往锅那边看。锅里一群鸡蛋辛苦地爬出来，他们上气不接下气地说：“好累呀，总算爬出来了，我们是被放在茶水中煮成的茶叶蛋。”

这一个晚上是茶叶家族的聚会，他们兴奋地谈论着茶叶的故事。

课件：《绿茶》

故事音频：《茶叶聚会》

教学活动七　红茶

设计意图：

中国是世界上最早发明红茶的国家，至今已经有 400 多年的历史。红茶的品种很多，产地也很广，深受国内外人们的喜爱。本活动通过看一看、闻一闻、尝一尝的方法感知红茶、认识红茶、了解红茶，丰富幼儿的知识经验，锻炼幼儿动手实践的能力和收集整理资料的能力，激发幼儿对探索红茶的兴趣。

活动目标：

1. 利用各种感官感知红茶在色、香、味方面的特征。

2. 对行茶产生兴趣，获得愉悦的情绪体验。

活动准备：

1. 幼儿在家品尝家长泡的红茶，并让他们在品尝的过程中了解各种红茶的名称。幼儿从家里带自己喜欢喝的红茶茶叶到幼儿园，与小朋友一起分享。

2. 课件《红茶》、红茶茶叶、80℃热水、行茶套组一套、每个幼儿一个品茗杯。

活动过程：

一、教师展示行茶十式。

1. 教师展示行茶十式，激发幼儿参与活动的兴趣。

指导语：小朋友，在上课之前，老师先给大家泡一壶茶。

2. 出示茶汤，请幼儿观察茶汤的颜色。

提问：今天老师泡的茶汤和以前有什么不一样?

小结：今天老师泡的茶叶的茶汤是红色的，这就是我们今天要认识的红茶。

二、介绍有关红茶的知识。

1. 出示红茶茶叶，让幼儿通过闻一闻、看一看了解红茶。

提问：谁能说一说红茶茶叶的样子？它闻起来有什么味道？（幼儿自由发言）

2. 结合课件，介绍红茶的特性和功效。

指导语：小朋友们观察得都很仔细，让我们来了解一下红茶还有哪些特性和功效吧。

小结：红茶具有茶红、汤红、叶红和味醇香甜的特点。红茶属全发酵茶，是以适宜的茶树新芽叶为原料，具有提神消疲、生津清热、利尿、消炎杀菌、解毒等功效。

3. 结合课件，向幼儿介绍红茶的制作方法。

指导语：红茶之所以会变成红色，在制作过程中有一个关键的步骤，请小朋友仔细观察，看谁发现了红茶变红的秘密。

提问：（1）谁听出了使红茶变红的秘密？（发酵）

（2）红茶的制作方法有哪几步？

小结：红茶的制作方法主要有五个步骤，分别是：采摘、萎凋、揉捻、发酵、干燥。采摘时间一般分为春夏两季，最好的采摘时间是在4月5日～15日，也就是农历清明后到谷雨之前。作为初制工艺第一步的萎凋，是将摘下的鲜叶充分摊晾，使叶片中的水分均匀散失，让叶片自然萎蔫凋谢。揉捻是为了增进内质的重要环节，适度揉出茶汁，让茶叶里的细胞破碎，茶多酚由此得以与空气中的氧气接触，发生酶促氧化，为下一步打下基础。经过揉捻的茶叶只有经过发酵后，绿色的茶叶才会逐渐转化为红色，形成红茶特有的色、香、味。干燥是通过高温烘焙，使发酵好的茶青中的水分蒸发，以保持茶叶干燥。

三、教师为幼儿分茶，请幼儿品茶。

教师将泡好的茶分给幼儿，请幼儿观察茶汤的颜色，闻一闻茶的味道。待温度适宜时请幼儿品尝茶的味道。

四、活动延伸。

让幼儿继续搜寻更多种类的红茶，引发幼儿继续探究茶知识的兴趣。

活动建议：

1. 在小茶社区域中投放红茶茶叶，使幼儿进一步了解和品尝。

2. 利用周末时间，请幼儿与家长一同到茶叶市场，了解更多的茶叶品种，丰富对茶叶的认知。

活动资源：

红茶的制作方法

1. 萎凋。萎凋是指鲜叶经过一段时间失水，使一定硬脆的梗叶萎蔫凋谢的过程，它是红茶初制的第一道工序。经过萎凋，可适当蒸发水分，使叶片柔软，韧性增强，便于造形。此外，这一过程可使青草味消失，茶叶清香始现，是形成红茶香气的重要加工阶段。

2. 揉捻。茶叶在揉捻过程中成形并增加色香味浓度，同时，由于叶细胞被破坏，便于在酶的作用下进行必要的氧化，利于发酵的顺利进行。

3. 发酵。发酵是红茶制作的独特阶段。经发酵，叶色由绿变红，形成红叶红汤的品质特点。其机理是叶子在揉捻作用下，组织细胞膜透性增大，多酚类物质与氧化酶充分接触，在酶促作用下产生氧化聚合作用，形成红茶的色香味品质。发酵适度，嫩叶色泽红润，老叶红里泛青，青草气消失，具有熟果香。

4. 干燥。干燥是将发酵好的茶坯采用高温烘焙，迅速蒸发水分，达到保持干度的过程。其目的有三：利用高温迅速钝化酶活性，停止发酵；蒸发水分，缩小体积，固定外形，保持干度，以防霉变；散发大部分低沸点青草气味，激化并保留高沸点芳香物质，从而获得红茶特有的甜香。

红茶的冲泡方法

1. 茶具的选用。红茶高雅的芬芳以及香醇的味道，必须要与合适的茶具搭配，才能烘托出它独特的风味。一般来说，功夫红茶、小种红茶、袋泡红茶、速溶红茶等大多采用杯饮法，即置茶于白瓷杯中，用沸水冲泡。

2. 水温的控制。红茶最适合用沸腾的水冲泡，高温可以将红茶中的茶多酚、咖啡因充分萃取出来。对于高档红茶，最适宜水温在95℃左右。注水时，要将水壶略抬至一定的高度，让水柱一倾而下，这样可以利用水流的冲击力将茶叶充分浸润。

3. 浸泡时间。冲茶前要有一个短短的烫壶时间，用热滚水将茶具充分温热，之后再向茶壶或茶杯中倾倒热水，静置等待。一般来讲，细嫩茶叶约2分钟，中叶茶约2分半钟，大叶茶约3分钟。这样茶叶才会变成沉稳状态。若是袋装红茶，所需时间更短，约40秒～90秒。

课件：《红茶》

教学活动八　白茶

设计意图：

在我国，茶的品种繁多，制茶的工艺各种各样，饮茶的方式各不相同，可以说茶蕴含着丰富的中国传统文化。本活动通过游戏形式让幼儿认识白茶的种类及制作工艺，使幼儿在了解中国茶文化的同时，提升作为一名中国人的荣誉感。

活动目标：

1. 愿意了解中国茶文化，提升民族自豪感。

2. 认识白茶的基本种类，了解其制作过程。

3. 品尝白茶的味道。

活动准备：

课件《白茶》、故事音频《蓝姑采茶医众生》、行茶套组一套、白茶茶叶、品茗杯每人一个、热水。

活动过程：

一 、故事导入，激发幼儿了解白茶的兴趣。

1. 播放故事音频《蓝姑采茶医众生》，幼儿倾听。

提问：小朋友们，你们听说过《蓝姑采茶医众生》的传说吗？那是一个非常好听的有关茶叶的故事，我们一起来听一听吧！

2. 教师提问：蓝姑用什么茶叶医治好了大家的麻疹？是在什么地方采摘的？为什么这种茶叫作白茶？

二、了解白茶的名称、产地、制作工艺过程。

1. 了解制茶过程。

白茶产自福鼎太姥山，泡出后汤色清淡，是一种具有消炎解毒、降压减脂、消除疲劳等功效的茶，长期饮用能够起到保健作用。大家知道白茶是怎样制作成的吗？（教师出示课件《白茶》）

2. 提问：刚才老师说到了白茶制作的四个步骤，你记住了哪几种？（采摘、萎凋、烘干、保存）

3. 游戏：白茶知识我知道。通过判断正误加深对白茶的了解。

师：小朋友们都了解了白茶的制作工艺，蓝姑说要邀请大家去品茶。品茶之前再加设一关，请根据刚才对白茶的介绍判断正误。

（1）白茶制作工艺最关键的步骤是保存。（错误，是萎凋）

（2）白茶是福建特产。（正确）

（3）白茶的药效功能好，所以可以长期空腹饮用。（错误，白茶性寒凉，空腹饮用会造成茶醉）

（4）白茶分为白毫银针、白牡丹、贡眉、寿眉及新白茶5种。（正确）

三 、品茶，了解品茶的基本过程。

师：现在老师要变成蓝姑请大家喝茶了，但是品茶要记住8个字的秘诀：观色，闻香，赏奇，品评，这样才好喝哦！

教师为幼儿泡白茶，请幼儿每人取一杯白茶，引导幼儿观、闻、赏、品，感受白茶的甘甜，并请小朋友说一说品茶后的感受。

四、分享白茶，升华主题。

中国人喜欢喝茶，这是我们独有的饮料，更是一种待客之礼。现在，许多外国人也开始关注茶文化，作为中国小朋友，要把茶知识传递给更多的人，也希望有朋友来家里做客时，你能为朋友奉上一杯茶，分享你了解的茶知识。

活动建议：

在家中和父母一同按照观、闻、赏、品的顺序品茶，做招待客人的小游戏。

活动资源：

蓝姑采茶医众生

据《宁德茶叶志》记载，相传尧帝时，太姥山下一农家女子因避战乱，逃至山中，乐善好施，人称蓝姑。那年太姥山周围麻疹流行，乡亲们成群结队上山采草药为孩子治病，但都徒劳无功，病魔夺去了一个又一个幼小的生命，蓝姑那颗善良的心很难过。

一天夜里，蓝姑在睡梦中见到南极仙翁。仙翁发话：“蓝姑，在你栖身的鸿雪洞顶有一株树，名叫白茶，它的叶子晒干后泡开水，是治疗麻疹的良药。”蓝姑一觉醒来，立即趁月色攀上鸿雪洞顶，果然发现榛莽之中有一株与众不同、亭亭玉立的小树，这便是仙翁赐予的采之不尽的白茶树。为了普救穷苦的农家孩子，蓝姑拼命地采茶、晒茶，然后把茶叶送到每个山村，教乡亲们如何泡茶给出麻疹的孩子们喝，终于战胜了麻疹恶魔。

蓝姑从没有停过对穷人的帮助，晚年遇仙人指点，于农历七月七日羽化升天。人们怀念她，尊之为“太姥娘娘”。

课件：《白茶》

故事音频：《蓝姑采茶医众生》

教学活动九　六大茶类

设计意图：

中国茶文化源远流长，而茶叶的分类也是极其讲究和细致的。通过本次活动巩固对红茶、绿茶、白茶的了解和认识，并在此基础上扩展茶的种类，知道中国茶叶分为六大类，感受中国茶叶的魅力，乐于主动探索对茶叶的认知。

活动目标：

1. 在已经了解红茶、绿茶、白茶的基础上，知道中国有六大茶类，还有黄茶、黑茶、青茶。

2. 在教师的引导下，初步学习区分不同类别的茶，乐于探索对茶叶的认知。

3. 知道中国有六大茶类，感受中国茶文化的魅力。

活动准备：

六大茶类图片，六大茶类的茶叶，透明玻璃杯6个，儿童行茶套组3套。

活动过程：

一、巩固知识点，加深幼儿对红茶、绿茶、白茶的认识。

1. 教师出示红茶、绿茶、白茶茶叶，让幼儿分别通过看一看、闻一闻的方法区分这三种茶类。

2. 出示红茶、绿茶、白茶的图片，验证答案。

小结：红茶具有红茶、红汤、红叶和味醇香甜的特点；绿茶的色泽和冲泡后的茶汤较多地保留了鲜茶叶的绿色格调；白茶则具有外形芽毫完整，满身披毫，毫香清鲜，汤色黄绿清澈，滋味清淡回甘的品质特点。

二、拓展对茶类的认识，新授黄茶、黑茶、青茶知识。

1. 指导语：中国是茶叶的故乡，我们对茶叶的分类很讲究，共分为六大类，除了我们了解的红茶、绿茶、白茶这三类，还有另外三类。（出示黄茶、黑茶、青茶的图片）

2. 教师分别对照图片带领幼儿观察实物，讲解黄茶、黑茶、青茶的特点。

（1）黄茶：黄茶的品质特点是“黄叶黄汤”。

（2）黑茶：成品茶的外观呈黑色，故得名。

（3）青茶：是中国几大茶类中独具鲜明特色的茶叶品类。

3. 教师用三个透明玻璃杯分别泡好黄茶、黑茶、青茶，请幼儿观察三种茶的茶汤。

4. 幼儿分为三组，分别泡制黄茶、黑茶、青茶，品一品味道，并给小伙伴说一说自己泡的是哪类茶。

三、总结六大茶类，增强民族自豪感。

1. 指导语：谁知道六大茶类的代表茶叶是什么?

幼儿根据提前了解的知识进行讲述，教师鼓励幼儿与小伙伴分享。（红茶：正山小种；绿茶：西湖龙井；白茶：白毫银针；黄茶：君山银针；黑茶：六堡茶；青茶：大红袍）

2. 升华主题，提升民族自豪感。

茶叶源于中国，而中国人对于茶叶的分类、生长环境、制作工艺、冲泡方法都有着极其严格的规定和讲究。

活动建议：

把六大茶类的图片或实物投放在班级区域内，可以随时观察、了解六大茶类。

活动资源：

绿茶

黄茶

红茶

黑茶

白茶

青茶

图片：六大茶类

区域活动（益智区）　茶类猜猜乐

活动经验：

1. 在认识六大茶类的基础上，乐于主动探索茶文化。

2. 了解六大茶类的特征，能根据其特征进行判断。

活动材料：

六大茶类（红茶、绿茶、黄茶、黑茶、白茶、青茶）茶叶和纸质图片，透明玻璃杯 6 个，80℃热水。

指导建议：

一、玩游戏：茶类猜猜乐，加深对六大茶类的认识。

规则：将六大茶类分为两组，红茶、绿茶、青茶一组，黑茶、白茶、黄茶一组。将幼儿分为两组，比比哪组最先准确找到教师指定的茶，增加游戏的趣味性。

1. 区分红茶、绿茶、青茶。

（1）桌子上分别摆上红茶、绿茶、青茶，从外形上看找出指定的茶类。

（2）把这三类茶冲泡好倒在透明玻璃杯中，让幼儿观察茶汤的颜色进行区分。

（3）闭上眼睛通过闻一闻的方法区分。

（4）通过品茶的方式进行区分。

在幼儿找到相应的茶类之后，用罩子把杯子罩住，变换杯子位置，再让幼儿猜一猜。

2. 区分黑茶、白茶、黄茶，玩法同上一环节。

3. 将六大茶类放在一起进行区分，加大难度。

4. 当幼儿熟悉了六大茶类以后，给每一类茶贴上相对应的图片。

二、经验分享。

1. 赢的一组幼儿说一说自己是如何识别六大茶类的，把自己的经验分享给小朋友。

2. 当幼儿对六大茶类比较熟悉后，可以由幼儿当裁判。

生活活动一　制作茶末

活动经验：

1. 学习将废弃的茶叶制成茶末，体验制作过程的乐趣。

2. 知道物归原处，能自己整理环境卫生。

活动材料：

泡过的茶叶，擀面杖，小布袋，塑料瓶。

指导建议：

1. 组织幼儿收集泡过的茶叶，并将其晒干。

2. 教师示范制作茶末的步骤。

将晒干的茶末装入布袋，封口。用擀面杖来回碾压布袋，直至茶叶变成碎茶末，再将茶末倒入提前准备好的塑料瓶中保存。

3. 幼儿操作，教师巡回指导。

4. 教师组织幼儿收拾材料，整理卫生。

生活活动二　飘香茶叶蛋

活动经验：

1. 了解茶叶蛋的起源及制作过程。

2. 在尝试制作茶叶蛋的过程中，体会制作的乐趣。

活动材料：

红茶、鸡蛋、花椒、姜片、盐、电饭锅、漏勺。

指导建议：

1. 教师端着竹篮卖茶叶蛋，引起幼儿兴趣。请幼儿闻一闻、尝一尝，谈谈感受。

提问：我的茶叶蛋味道怎样？谁能尝出我煮的茶叶蛋都用了哪些食材？

2. 介绍茶叶蛋的历史。（清代美食家袁枚介绍过古代茶叶蛋的做法）

3. 了解用红茶煮茶叶蛋的缘由。

提问：煮茶叶蛋最好选用红茶。红茶香浓醇香，没有苦味，煮出来的茶叶蛋香气浓郁，颜色鲜亮。红茶是经过发酵烘制而成的，茶叶中所含的重要物质——茶多酚在烘制过程中发生了变化，对胃有刺激作用的茶多酚减少，所以用红茶煮蛋最好。

4. 介绍茶叶蛋的制作方法，指导幼儿进行体验。

（1）认识制作茶叶蛋需要的各种食材。

（2）介绍茶叶蛋制作的步骤。

5. 根据制作茶叶蛋步骤进行操作，制作过程中要注意安全及卫生教育。

6. 待茶叶蛋充分泡制好后，请幼儿品尝。

活动资源：

古代茶叶蛋的制作方法

清代美食家袁枚在《随园食单》一书中曾收录了那时茶叶蛋的做法，原文为："鸡蛋百个，用盐一两，粗茶叶煮，两枝线香为度。如蛋五十个，只用五钱盐，照数加减，可做点心。"那么烧两枝线香需要耗时多久呢？古代庙里没有时钟，和尚以敬香为计算时间的依据。按：一日分十二个时辰，每个时辰敬香一枝，线香烧尽即时辰毕，以此类推，"两枝线香"约四个小时。故小火煮四个小时后，鸡蛋"愈煮愈嫩"，食时带壳捞起，现吃现剥为好。

后来烹调师薛文龙为了恢复其本来面目，反复研究它的做法后，改用主料为五十枚鸡蛋，配料为茶叶六十克，调料为盐七十五克，绍兴酒三十毫升，八角四粒。在烹调前先洗净鸡蛋，"用沸水略煮，捞入冷水中，将蛋壳敲碎，放入砂锅中，加茶叶、盐、酒、水，以旺火烧沸，加盖，用小火慢煮"。由于火候十足，自然入味，蛋白好似花纹，卤汁香味渗透，蛋黄酥糯，于隔壁便闻其香。如果大家试着制作，古法今用，必能让人耳目一新。

第四章

中华茶之礼

教学活动一　歌曲《君子九容》

设计意图：

《君子九容》歌词选自《礼记·玉藻》，是对人的外表、容貌提出的九项要求。歌曲旋律连贯流畅，节奏舒缓优美，歌词朗朗上口，易于幼儿理解接受。本次活动设计根据大班幼儿年龄特点，积极引导幼儿体验、感受、吟唱，在激发幼儿学习兴趣的同时，让幼儿懂得良好的仪容仪表不仅可以给人带来美感，更是尊重他人的表现。

活动目标：

1. 感受歌曲优美舒缓的曲调，能用自然美好的声音演唱歌曲。

2. 了解歌词的含义，懂得保持良好的仪容仪表。

活动准备：

《君子九容》课件、故事音频《多嘴的八哥》、《君子九容》歌曲、茶服若干。

活动过程：

一、教师有声有色地讲述故事《多嘴的八哥》，教育幼儿懂礼貌。

1. 提问：小朋友们，你们喜欢八哥鸟吗？（不喜欢）

为什么呢？（八哥鸟没礼貌，随便打断别人讲话）

2. 小结：生活中，我们要做懂礼貌的好孩子，与人交谈时，不打断别人讲话。

二、播放录音，引导幼儿欣赏歌曲《君子九容》，体会乐曲的风格。

1. 发声练习，提醒幼儿拖住呼吸。

2. 幼儿完整欣赏歌曲《君子九容》。

指导语：今天老师带来了一首关于礼仪的歌曲，仔细听，看这首曲子会给你带来什么样的感受。

三、播放《君子九容》课件，理解歌词。

1. 教师出示君子九容图片，简单介绍不同动作的要领。

如：手容恭，“四指并拢，拇指紧贴食指，手掌略向内凹”。

2. 教师带领幼儿有节奏地朗诵歌词，提醒幼儿朗诵时注意表情、声调及动作。

四、尝试演唱歌曲《君子九容》。

1. 教师范唱，引导幼儿感受曲调的舒缓优美。

2. 幼儿跟随教师学唱，重点学唱“目容端”的唱法。

五、请幼儿穿好茶服和教师一起试着表演，鼓励幼儿学习和模仿简单的茶礼。

六、幼儿分组穿上茶服，互相欣赏、互相打扮。

活动建议：

幼儿继续学习其他茶歌曲，了解君子九容的行礼要求，进一步体会歌曲的优美，感受茶文化的博大精深。

活动资源：

儿歌：《君子九容》

足容重　手容恭　目容端

口容止　声容静　头容直

气容肃　立容德　色容庄

故事：《多嘴的八哥》

清晨，阳光照进了大森林，一只黑黑羽毛、尖尖嘴巴的八哥鸟站在大松树下，迎着太阳，高声地叫着："太阳出来了，大家快起来工作吧。"大森林里立刻热闹起来，一天的工作开始了。小黄莺飞过来，用它那好听的声音说："八哥鸟，你真会说话！"八哥鸟听到夸奖，高兴地拍拍翅膀，高声地叫着："我真会说话，我真会说话！"

一天，小白兔们正在捉迷藏。八哥鸟飞来了，站在大松树上，看着看着，它忍不住想：我真会说话，干吗不说几句呢？于是它就大声地嚷着："哎，大树背后有一只小白兔，大石头后边有一只，哎，那边还有一只，快去抓呀！"它这么一嚷，小白兔们全跳了出来，异口同声地说："不玩了，都嚷出来了，还有什么意思？"一只小白兔朝八哥鸟看了看，说："我们换个地方去玩，不理它。""好！"小白兔一哄而散，只剩下八哥鸟孤单单地蹲在大树上。

歌曲：《君子九容》

1=E 4/4　　舒缓优美地　　作曲：孟倩

1 1 1· 3 | 5 56 5 — | 3 35 6 53 | 2 23 2 — |

足 容 重， 手 容 恭， 目 容 端， 口 容 止，

3 3 3· 5 | 2 23 6 — | 5 56 1 3 | 2 23 1 — |

声 容 静， 头 容 直， 气 容 肃， 立 容 德，

2 2 2 32 | 1 12 1 — ‖

立 容 德， 色 容 庄。

君子九容的内容

足容重：每个人所有的外在行为、语言都是内在的表达。“足容重”不仅仅是一份自持，也是把恭敬十足地展示给他人。

手容恭：茶师泡茶时一般都要止语，手语便是茶师在席间必用的表达，也是茶师重要的修养体现。

目容端：眼睛是心灵的窗户，眼神更能传递我们的内心状态。眼神可以传递太多情绪，比如愤怒、冷漠、多情、友善，眼睛里的“神”，是能量的链接，有智慧的人会让低频率转化成高频率，用高频率链接高频率。

口容止：于茶席间，泡茶时就跟茶在一起，止语、止念。于生活中，以止修慧，抱怨的话不讲，消极的情绪不蔓延。“止”是一种高贵的品格。

声容静：安静是茶师在席间的根本，讲话声音带有温度和关怀，让每一次的发音都能传递一份真诚与美好。

头容直：茶师于席间泡茶，身体要放松、自然。左手注水，右手出汤，以太极仪轨行茶。头不歪斜，保持中正、不倚不靠，中脉畅通，颈椎和腰椎中正平衡。

气容肃：人的气场是一种真实的存在，是由内而外散发的无形能量。

“腹有诗书气自华”，这就是内在积累的真实外化。

立容德：茶人以德而立天下，陆羽在《茶经》中提到，“茶，最宜精行简德之人”。对于当下的我们，德慧双修也是茶人于一杯茶里的获得。

色容庄：“色”，在这里是指外在的一切装容。对于茶师的仪容仪表，要求长发盘起（束起），不让长发在茶席间飘来飘去，也不留碎发，露出额头，不能遮挡，给人以明亮的感受。茶师要化淡妆，自然清爽，着装简致得体，素手行茶，不涂抹有香气的化妆品等，力求达到人、茶、环境和谐统一。

课件：《君子九容》　歌曲：《君子九容》　故事音频：《多嘴的八哥》

教学活动二　《茶礼拍手歌》

设计意图：

《茶礼拍手歌》是一首朗朗上口、节奏鲜明的茶童谣，其内容生动形象，充满童趣。拍手歌能充分激发幼儿的学习兴趣，鼓励幼儿想说、敢说、喜欢说，丰富幼儿词汇，提高幼儿的口语表达能力和思维能力。

茶礼指学习茶艺或奉茶过程中的礼节和仪式。通过拍手歌让幼儿懂得行茶的基本礼仪，并将这种礼仪贯穿于一日生活当中，进一步感受茶文化。

活动目标：

1. 理解拍手歌内容，学习儿歌，知道茶礼在生活中的重要性。

2. 感受拍手游戏歌的韵律，激发幼儿学习茶礼仪的情感。

活动准备：

背景音乐《关山月》、课件《茶礼拍手歌》、儿歌音频《茶礼拍手歌》、茶礼图片。

活动过程：

一、游戏：“我是小茶童”。

鼓励幼儿结合自己的所见、所听、所学，说说自己知道的茶礼有哪些，并进行演示或模仿。

二、引导幼儿学习拍手歌，理解拍手歌内容。

1. 出示课件，教师示范朗诵《茶礼拍手歌》，让幼儿初步感受诗歌的内容。

2. 教师引导幼儿通过提问讨论，理解拍手歌内容。

让幼儿了解坐、立、走、行都要有规矩，分茶时要注意七分满，敬茶时要先敬长辈，等等。

3. 播放儿歌音频，幼儿完整欣赏。

4. 出示各种茶礼图片，请幼儿将图片分别贴在对应语句的位置上。

5. 带领幼儿配上背景音乐再次朗诵拍手歌，感受茶文化的韵味。

三、发散思维，尝试仿编拍手歌。

请幼儿想一想，除了拍手歌中说到的礼仪，还有哪些礼仪。试着用拍手歌的节奏说一说，可以和同伴一起分享。

四、教师小结，感受茶礼文化。

小朋友不但学会了拍手歌，也懂得了很多茶礼仪。希望所有小朋友在平时生活中懂礼貌、会行礼，做一名真正的小茶童。

活动建议：

继续和同伴或者家长一起玩《茶礼拍手歌》，也可创编新的拍手歌；可以在区域活动或者是活动间隙和同伴一起游戏，也可以将礼仪拍手歌教给更多的小朋友一起玩，让更多的人了解茶礼仪。

活动资源：

茶礼拍手歌

你拍一我拍一，小小茶童学礼仪。
你拍二我拍二，穿着端庄有精神。
你拍三我拍三，见面鞠躬问声好。
你拍四我拍四，坐立行走有规矩。
你拍五我拍五，分茶品茶有礼数。
你拍六我拍六，奉茶先要敬长辈。
你拍七我拍七，尊师重道知感恩。
你拍八我拍八，学习茶礼懂礼仪。
你拍九我拍九，我是中华小茶童。
你拍十我拍十，中华礼仪我传承。

课件：《茶礼拍手歌》

儿歌：《茶礼拍手歌》

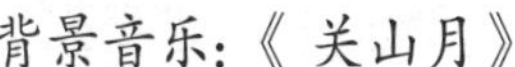

图片：茶礼

教学活动三 行姿

设计意图：

茶礼，指学习茶艺或奉茶过程中的礼节和仪式。行姿是茶礼的重要组成部分，通过学习行姿，让幼儿懂得良好行走姿态对幼儿身体健康发展的重要性。教育幼儿将正确的行姿贯穿于一日生活当中，从小养成良好的行为习惯，提高自身修养。

活动目标：

1. 能有礼貌地与人交往。

2. 学习行姿的基本动作，在模仿体验和游戏活动中养成良好的行为习惯。

活动准备：

行姿图片、课件、托盘。

活动过程：

一、组织幼儿讨论，激发幼儿学习兴趣。

1. 请幼儿分别观看茶礼行姿图片和幼儿生活行走的图片，说说有什么不同。

2. 出示课件进行对比：驼背和后背立直。

提问：图上两种姿态，你认为哪种好？为什么？

3. 小结：人的举手投足是一种无声的语言，反映着一个人是否具有良好的素质。因此，在习茶时还要注意自己的肢体语言，包括生活中的细小动作、表情，要随时纠正，保持优雅的姿态。

二、学习行礼，练习端庄、大方的行姿。

1. 出示行姿图片，请幼儿认真观察。

提问：身体是怎样的？眼神是怎样的？手臂是怎样的？等等。

2. 教师示范行走的正确姿势。

三、在游戏中体验、模仿。

游戏“照镜子”，教师示范，幼儿模仿练习。

四、幼儿分组拿托盘模仿练习，教师巡回指导。

教师小结动作口诀：两眼平视臂放松，以肩领动肩轴摆，提髋提膝小腿迈，跟落掌接趾推送。

活动建议：

将习茶时的行姿融入生活中，让幼儿时时刻刻将习茶时的平静之心、感恩之心以及专注力带到以后的学习和生活中，并在区域活动中或游戏活动中继续开展，将这种好习惯一直延续下去。

活动资源：

行姿的要求

上身正直，目光平视，面带微笑。

肩部放松，手臂自然前后摆动，手指自然弯曲。

行走时身体重心稍向前倾，腹部和臀部向上提，由大腿带动小腿向前迈进。

行走线迹为直线。

行姿图片

课件：《行姿》

图片：行姿

教学活动四　小茶童来敬茶

设计意图：

通过游戏体验，让幼儿在敬茶时学会等待、学会分享。通过敬茶不仅能让幼儿学习茶礼仪，还能感受到茶文化的魅力，懂得敬茶时先要敬长辈，让幼儿在学茶、品茶过程中有更多的收获！

活动目标：

1. 学习敬茶礼仪，尝试用多种形式敬茶。

2. 在游戏中体验敬茶，学会接纳、尊重他人。

活动准备：

行茶套组一套、品茗杯人手一只、白茶茶叶、敬茶图片、音频《弟子规》。

活动过程：

一、观看敬茶图片，激发幼儿学习兴趣。

通过观看敬茶图片，让幼儿懂得要尊重他人、关爱他人。

二、学习敬茶礼仪，感受茶礼的重要性。

1. 教师展示行茶十式，现场演示敬茶礼仪，请幼儿认真欣赏。

2. 提问：老师是怎样敬茶的？ 手是怎样的姿势？ 谁来模仿一下？

3. 教师小结：敬茶时要注意先长后幼、先客后主。

4. 教师示范正确的敬茶姿势并进行讲解。

从客人正面双手奉上，用伸掌礼表示请慢用。

注意：茶不能倒满，一是方便执杯，二是表示尊敬。

三、运用多种形式进行敬茶，增加趣味性。

例如：以分组、集体、个人等形式进行敬茶，可以请能力强的幼儿先敬茶。

四、游戏：“邀请小客人”。

在游戏中体验敬茶，学会接纳、尊重不同的人。

通过游戏，邀请小客人喝茶，练习分茶、请茶、谢茶、喝茶。幼儿轮流进行。

活动建议：

1. 在图书区投放《弟子规》，在体验区投放4～6个品茗杯，方便幼儿练习敬茶。

2. 在生活活动中，教育幼儿长幼有序、尊敬老人、懂礼貌。

3. 鼓励幼儿回家为长辈敬茶，将敬茶照片张贴在班内茶文化主题墙上。

活动资源

或饮食　或坐走　长者先　幼者后
长呼人　即代叫　人不在　己即到
称尊长　勿呼名　对尊长　勿见能
路遇长　疾趋揖　长无言　退恭立
骑下马　乘下车　过犹待　百步余
长者立　幼勿坐　长者坐　命乃坐
尊长前　声要低　低不闻　却非宜

图片：敬茶

音频：《弟子规》

生活活动　赏《茶经》，听《诗经》

活动经验：

1. 能专注地聆听《诗经》《茶经》的内容，激发幼儿的诵读热情。

2. 在潜移默化中规范幼儿的言行，懂得《诗经》和《茶经》中的行为规范。

3. 能连贯清楚地朗诵《诗经》《茶经》中的经典诗篇，感受传统经典的语言美、意境美。

活动材料：

《诗经》《茶经》音频，《诗经》《茶经》图书。

指导建议：

1. 每天利用午睡前、离园前坚持听《诗经》《茶经》10 分钟，使幼儿养成听读、朗读的习惯。

听读具体要求：

（1）听读：教师播放音频，幼儿右手食指指字，听录音时做到手指字，耳朵听，闭上嘴巴不出声。

（2）跟读：教师播放音频，幼儿右手食指指字，听录音时做到手指字，耳朵听，张开嘴巴读轻声。

（3）朗读：两手端书身坐正，声音洪亮、有感情。

2. 每周利用区域活动时间、生活活动时间，为幼儿讲解《诗经》《茶经》中的经典语句。

3. 通过晨间诵读或“诗经天天讲”活动，鼓励幼儿大方地、声音洪亮地、有感情地朗诵《诗经》《茶经》内容。

活动资源：

音频：《诗经·凯风》

音频：《诗经·木瓜》

音频：《诗经·风雨》

音频：《诗经·桃夭》

音频：《茶经·一之源》

音频：《茶经·二之具》

音频：《茶经·三之造》

音频：《茶经·四之器》

音频：《茶经·五之煮》

音频：《茶经·六之饮》

音频：《茶经·七之事》

音频：《茶经·八之出》

音频：《茶经·九之略》

音频：《茶经·十之图》

第五章

中华茶之艺

教学活动一　行茶第一式主客行礼、第二式备茶

设计意图：

行茶十式的“一招一式”都有其独特的含义和规矩，是中国茶文化的魅力体现，是茶人养身养性的过程。行茶十式的第一式主客行礼，是茶席间的常见礼仪，有利于培养幼儿的恭敬行为。第二式备茶，能够让幼儿明白做事要循序渐进，不急不躁。

活动目标：

1. 知道行茶开始时要向客人行礼，懂得对待客人要有恭敬的态度。

2. 学习“主客行礼”“备茶”的基本方法，体会行茶的乐趣。

活动准备：

1. 知识储备：幼儿已认识各种茶具，并会行善礼。

2. 儿童行茶套组每人一套、白茶茶叶、课件《行茶十式》、背景音乐《关山月》。

活动过程：

一、角色游戏：“小主人和小客人”。

教师扮主人，幼儿扮客人。

师：“小朋友们好，欢迎你们来做客。”师幼相互行善礼。

师：“你们想喝茶吗？我来给你们泡壶茶。”

二、幼儿观赏教师表演行茶十式，了解行茶十式的具体步骤和内容。

1. 教师演示行茶十式，幼儿观赏。

提问：孩子们，老师的茶泡好了。谁能来说一说刚才我是怎样泡茶的？

你们想学吗?

2. 教师出示课件，介绍行茶十式具体的内容和步骤。

3. 学习第一式：主客行礼。先行注目礼，再行善礼。

意义：送上恭敬的态度，净场安顿，收敛心神，以示行茶开始。

（1）教师演示，请幼儿观察。

师：“泡茶有十式，我们今天先学第一式和第二式。”

提问：刚才老师在行茶开始时，做了什么动作? 你知道应该怎样行礼吗?

（2）幼儿模仿练习。

提问：我们为什么要先行礼呢?

（3）教师小结并讲述要点：行茶开始时，主人眼睛看着客人行善礼，表示恭敬；安静坐好，表示行茶开始。

（4）幼儿进行练习，教师进行指导。

4. 学习第二式：备茶。

（1）教师出示课件中的第二式图片，请幼儿观察。

（2）引导幼儿讨论：“备茶”需要准备哪些茶具?（茶罐、茶则、茶针）

提问：你们认识图片上的这些茶具（茶罐、茶则、茶针）吗? 你知道它们是做什么的吗?

（3）教师示范讲解动作要领。

（4）幼儿操作，教师进行指导。

三、幼儿跟随音乐表演第一式和第二式。

四、品茶。

教师加入热水，请幼儿品尝。

师：“小客人们，你们学得真认真，快来品尝一下我泡的茶吧！”

活动建议：

在家中可以向家长展示行茶十式的第一、二式，并可在区域活动中练习。

活动资源：

主客行礼的动作要领

1. 坐姿准备。2. 向客人行注目礼。3. 向客人行善礼。

行茶十式图片

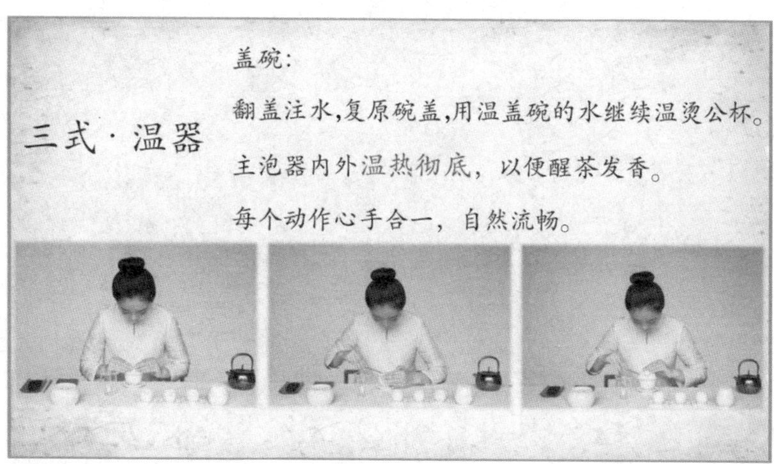

四式·投茶 摇香 闻香

投茶：在盖碗温度最高时投茶，便于醒茶和发香。

摇香：将主泡器置于胸前，摇香三次唤醒干茶。

闻香：先侧面呼气，然后将主泡器的盖子面向自己，打开15°的缝隙，再闻香，切忌对茶呼气。

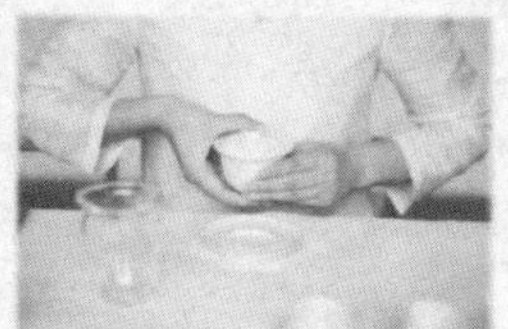

五式·温杯

用公杯中的热水，
以泡茶器为中心温热茶杯。

温热茶杯的水先不弃掉，以便保持温度。

手语是茶人行茶时的表达，
四指并拢拇指贴合“手容恭”。

双手动作协调，不越物，不交叉。

将每一片茶叶浸润完全，

注水及出汤速度相对要快，

润茶的水弃于水盂，

没有多余的动作。

七式 · 泡茶

观：双手将盖碗捧起，观照内心，觉知当下。

止：盖碗平移到胸前，知止中正，止语止念。

行：太极的轨迹出汤，内外兼修，重在践行。

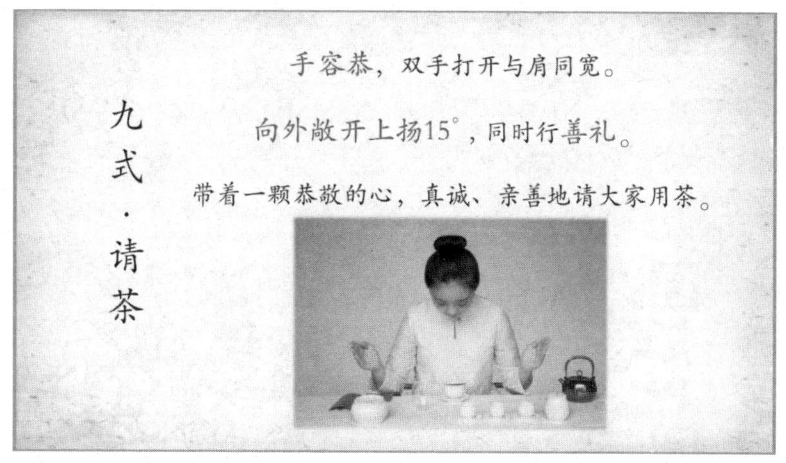

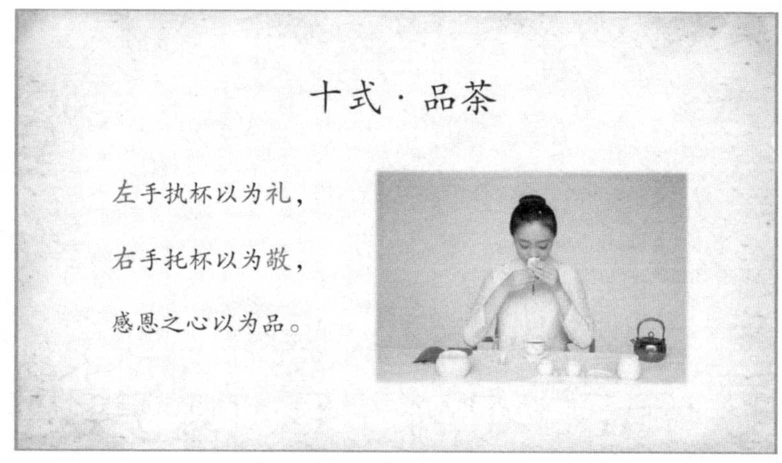

备茶动作要领

1. 左手取茶罐，右手打开茶罐盖，将盖放在水盂下方后，再将茶罐放于茶罐盖下方。

2. 右手取过茶则，交予左手置于胸前，右手拿起茶罐，置于茶则上方，将茶叶罐里的茶旋转倾倒在茶则上（旋转茶叶罐的手势环抱内敛，四指并合，从外向内，以表示对他人的尊重和欢迎）。如果一次倾倒不彻底，可以再从茶则的后端往前旋转，直至茶叶的用量足够（如茶叶倾倒不均匀，可用茶针拨匀）。

3. 右手将茶叶罐放回盖子下方，再拿过左手中的茶则放回到原处，备用。

4. 将盖盖好，并把茶罐放回。

背景音乐：《关山月》

课件：《行茶十式》

教学方案二　行茶第三式 温器

设计意图：

温器可以提高茶具的温度，使茶叶在冲泡时更好地将色泽、味道展现出来。通过温器的练习，培养幼儿做事讲规则、有秩序的良好行为习惯。

活动目标：

1. 了解温茶具的作用，知道做事要讲规则、有秩序。

2. 学习第三式温器的基本方法，体会行茶的乐趣。

活动准备：

儿童行茶套组每人一套、白茶茶叶、注水壶每人一把、背景音乐《关山月》、温器图片。

活动过程：

一、复习诚礼。

教师提出问题，幼儿讨论：明明要去悦悦家做客，明明见到悦悦的爸爸、妈妈应该怎样打招呼呢？行什么礼呢？

小结：见到长辈时，小朋友应该行“诚礼”。

二、复习行茶第一式、第二式。

1. 幼儿布置茶席。

2. 带领幼儿复习操作第一式、第二式，提醒幼儿按要求进行操作。

3. 学习第三式：温器。

（1）教师演示，幼儿观察行茶第三式：温器。

（2）引导幼儿讨论：你知道为什么要用热水温茶具吗？（温器，不仅可以提高杯子的温度，有利于更好地泡制茶叶，还可以起到再次消毒清洗的作用。）

提问：你知道温器需要哪些茶具吗？

①温器所需要的器具：盖碗，注水器（水壶）、茶针、公道杯。

②出示图片，讲解温器的先后顺序：翻盖→注水→复原碗盖→用温盖碗的水继续温烫公道杯。

（3）教师示范讲解动作要领：双手四指并拢，捏住碗盖反过来，留有缝隙热水进，小小盖碗热乎乎，右手茶针抵碗盖，左手配合把盖反，送回茶针捧起碗，右手将碗手中拿，把水倒入公道杯中，双手将碗放碗托。

（4）幼儿操作，教师进行指导。

注意事项：

① 幼儿第一次练习，可使用空杯进行练习。

② 动作掌握后，可用凉水或温水进行练习。

③ 操作熟练后，可用 80℃的水进行练习。

三、幼儿跟随背景音乐表演行茶第一、二、三式。

活动建议：

1. 鼓励幼儿在家进行温器的练习。

2. 在茶生活体验区投放注水壶、盖碗、茶针、茶则、茶罐，幼儿通过示范图片加以练习。

活动资源：

温器的动作要领

1. 双手四指并拢，拿捏盖碗的盖子翻过来置于碗上，向下倾斜并留有缝隙，以便热水流进碗中。

2. 在碗盖的 12 点处注水，让热水把碗盖和碗身全部温热。

3. 左手（手容恭）护持于盖碗前方，右手取茶针抵住碗盖下方的缝隙处，左右手配合把碗盖从外及里地翻回（注意要留有缝隙），然后送回茶针。

4. 双手（手容恭）捧起盖碗，右手拇指按于碗盖上，其他四指并拢放于杯底下端的边沿上，将盖碗以由内向外的轨迹行至公道杯正前方立起，把碗里的水倒于公道杯中，之后盖碗于右手中回到平正状态，再以由外向内的手法顺势将盖碗送回原处，然后左手接应，双手将盖碗放回碗托上。

图片：温器

背景音乐：《关山月》

活动方案三　行茶第四式 投茶·摇香·闻香

设计意图：

学会正确的投茶方法，通过摇香和闻香，使幼儿感受茶叶的芬芳，激发幼儿的爱茶之心，帮助幼儿在行茶中感受美、体验美，增强对行茶的兴趣。

活动目标：

1. 了解投茶、摇香、闻香的作用，感受茶香。

2. 学习行茶第四式投茶·摇香·闻香，体会行茶的乐趣。

活动准备：

儿童行茶套组每人一套、绿茶茶叶、背景音乐《关山月》、盖碗图片。

活动过程：

一、通过答题游戏复习前三式。

师：“小朋友们，今天老师带来了一张图片，可是我们现在还看不到图片上画的是什么，需要你们答题才能一点一点露出来。当你答对一道题的时候，它就会露出一部分，直到答完，这张图片才会都显现出来，你们想玩吗？”

师：“请听好第一题，行茶十式的第一式是什么？请做一下第一式。第二式是什么？请做出来。第三式是什么？请做出来。”

师：“哇，你们好厉害，都答对了！这张图片上是什么？（是一个漂亮的盖碗）小朋友们，盖碗是用来干什么的？盖碗不仅是泡茶用的，还可以用来摇香、闻香。请你们仔细看，老师是怎样摇香、闻香的。”

二、学习第四式：投茶·摇香·闻香。

（1）教师演示，幼儿观察。

（2）引发幼儿讨论都看到了哪些动作。

（3）教师示范讲解动作。

碗盖拿起搭托边，茶则交于左手上，横放胸前取茶针，双手配合拨入碗，右手茶针放原处，左手茶则交右手，反扣茶则放原处，右手将碗盖盖好。

注意：我们要讲究卫生，不能用手碰茶叶，一定要用茶针将茶叶拨到盖碗里。摇香，是为了让茶叶均匀受热后挥发香味。在闻香时，不要对着盖碗呼气和说话。

（4）幼儿操作练习，教师进行指导。

三、幼儿跟随背景音乐表演第一、二、三、四式。

活动建议：

在生活体验区投放盖碗茶具，便于幼儿自主练习。

活动资源：

1. 投茶：右手将碗盖拿起，搭放于盖碗右边的碗托边沿，右手将装有茶叶的茶则取来交于左手，左手将茶则横放于胸前，右手再取茶针，双手配合，将茶叶快速拨投入盖碗中，右手将茶针放回原处，左手将茶则交还于右手，右手将茶则反扣放置原处，然后右手将碗盖盖好。

2. 摇香：双手托起盖碗，右手拇指压住碗盖，四指并拢托碗底，于胸前摇三次。

3. 闻香：先向侧面呼气，吐出浊气，将盖碗的盖子面向自己向上打开一条缝隙，再吸气闻香，后将盖碗放回原处（也可行双手礼将盖碗递给左手边的茶友，与其分享茶的香气）。

音乐：《关山月》

图片：盖碗

活动方案四　行茶第五式温杯、第六式润茶

设计意图：

温杯不仅可以提高杯的温度，有利于茶香的散发，还可以起到再次消毒清洗的作用。润茶，既可以清洗茶叶，有利于更好地泡制茶叶，还可以培养幼儿讲卫生的生活习惯。

活动目标：

1. 学习行茶十式中第五式温杯、第六式润茶，了解温杯、润茶可以起到消毒清洗的作用。

2. 能够专注地行茶，体会行茶的秩序感。

活动准备：

儿童行茶套组每人一套、西湖龙井茶、背景音乐《关山月》。

活动过程：

一、师幼相互行诚礼，请幼儿用西湖龙井茶操作行茶前四式。

1. 谈话讨论：请小朋友闻闻茶叶，猜一猜今天老师带来的是什么茶。你们知道西湖龙井属于六大茶类的哪一类吗？（绿茶）

2. 幼儿用西湖龙井茶操作行茶前四式，教师指导。

二、教师示范行茶第五式温杯、第六式润茶。

1. 教师示范温杯、润茶，幼儿欣赏。

提问：你观察到的温杯和润茶的步骤有哪些？

2. 学习第五式：温杯。

（1）教师讲解演示，幼儿观察。

右手握公道杯，左手手容恭，从右向左注热水。

公道杯转一转，左手握公道杯，右手手容恭。

胸前绕一圈，左边的杯子注热水，公道杯放回原位置。

在行茶的过程中要注意不越物、不交叉，遵守秩序。

3. 播放背景音乐，幼儿操作练习，教师巡回指导。

4. 学习第六式：润茶。

（1）教师讲解演示，幼儿观察。

右手取杯盖，放在托盘上，左手提壶倒入水，来把茶叶泡。

右手取杯盖，放在盖碗上，别忘轻轻留道缝，双手托盖碗。

右手拇指压盖碗，四指并拢托碗底，润茶茶水倒水盂。

再把盖碗归原位，盖碗轻轻转一转，杯盖画弧放托盘。

（2）播放背景音乐，幼儿操作练习，教师巡回指导。

讨论：在行茶十式中为什么会有温杯和润茶这两步？有什么作用呢？

教师小结：温杯和润茶可以起到清洁消毒的作用，这样泡出来的茶叶更清香。

三、观看教师打一段太极拳，请幼儿说说感受，讨论太极拳和行茶有什么相同的地方。

教师小结：太极拳和行茶都很静、很慢，都是中国传统文化的一部分，它们都讲究包容、和美、外柔内刚。

四、整理儿童行茶套组，师幼互相行诚礼，结束活动。

活动建议：

1. 在生活体验区投放盖碗茶具和行茶十式图片，便于幼儿自主练习。

2. 取装有热水的公道杯，以盖碗为中心，温热茶杯。

活动资源：

温杯及润茶动作要领

1. 温杯。

双手扶杯，杯口按照向左向右的方向旋转两次（第一次杯口转向自己，第二次杯口转向右边），左手（手容恭）顺势取公道杯开始温热左侧茶杯，后将公道杯放回原处。

备注：温杯的顺序不管左右都是从外往里；温杯时，双手动作协调，不越物、不交叉；温杯的水先不倒掉，以便保持茶杯的温度。

2. 润茶。

（1） 右手取杯盖，太极的轨迹逆时针将杯盖放在盖碗托盘上，左手执壶注水，将每一片茶叶浸润完全。

（2）右手取杯盖，太极的轨迹顺时针将杯盖放回盖碗，六点钟方向留出出水的缝隙，便于出水。

（3）双手托起盖碗，右手拇指压住碗盖，四指并拢托碗底，右手执杯于胸前太极的轨迹逆时针向右前方画弧线，将润茶的水弃于水盂。

（4）右手太极的轨迹顺时针执杯收于胸前，双手托杯放下盖碗。

备注：① 注水及出汤速度相对要快，没有多余的动作。② 出汤时要面冲自己，以示对客人的尊敬。

背景音乐：《关山月》

活动方案五　行茶第七式泡茶、第八式分茶

设计意图：

泡茶讲究“观、止、行”，是行茶十式的核心，是茶修精神的具体表达。分茶，能让人体会分享的快乐与恭敬，增添生活情趣。行茶十式中的泡茶和分茶不仅能够促进幼儿发现美、感受美，而且能够培养幼儿做事专注的习惯和乐于分享的情感。

活动目标：

1. 发现茶叶之美，观察茶汤之色，感受茶之美。

2. 学习泡茶、分茶，体会分享的快乐。

活动准备：

儿童行茶套组每人一套、品茗杯每人一只、铁观音茶叶、正山小种茶叶、日照绿茶、背景音乐《关山月》。

活动过程：

一、玩游戏，操作行茶一式到六式。

1. 指导幼儿玩游戏“火眼金睛”，出示铁观音、正山小种、日照绿茶等茶叶，请幼儿说出认识的茶叶名称，教师将幼儿认出的茶叶分到幼儿的茶罐里。

2. 播放背景音乐，请幼儿拿出茶套组摆放茶席，操作行茶一式到六式，教师巡回指导。

二、学习第七式：泡茶。

1. 教师讲解演示，幼儿观察。

儿歌：左手提壶注入水，清水来把茶叶泡，杯盖留缝盖碗上，双手来把盖碗捧。盖碗平移到胸前，茶汤倒入公道杯里，茶汤清澈茶香溢，盖碗放回原位置。

提问：当茶水注入盖碗的时候，茶叶和茶水发生了哪些变化?

教师小结：泡茶的时候讲究“观、止、行”。小朋友们可以在泡茶的过程中安静地观赏茶叶在水中翻腾的样子，欣赏茶汤的颜色，身体要放松，动作要舒展。希望我们都有一双善于发现的眼睛。

2. 幼儿操作练习，教师巡回指导。

三、学习第八式：分茶。

1. 教师讲解演示，幼儿观察。

儿歌：温杯茶水倒水盂，分茶双手要低斟，不越物，不交叉，茶水分到茶杯里。

2. 幼儿操作练习，教师巡回指导。

3. 请幼儿品尝自己泡的茶，并与同伴分享。

四、品茶，体会分享是件快乐的事情。

讨论：喝自己泡的茶有什么感受？喝小伙伴泡的茶有什么感受？

教师小结：中国人从古到今都讲究以茶会友，跟家人、朋友一起喝茶是件非常高雅、快乐的事情。

五、整理茶包，互相行礼。

活动建议：

1. 在生活体验区投放盖碗茶具，请幼儿操作练习泡茶、分茶。

2. 鼓励幼儿回家将行茶十式前八式表演给家人。

活动资源：

泡茶、分茶动作要领

1. 泡茶

①右手取杯盖，太极的轨迹逆时针将杯盖放在盖碗托盘上，左手执壶注水，将每一片茶叶浸润完全。

②右手取杯盖，太极的轨迹顺时针将杯盖放回盖碗，6点钟方向留出出水的缝隙，便于出水。

③双手托起盖碗，右手拇指压住碗盖，四指并拢托碗底，右手执杯于胸前，太极的轨迹逆时针向右前方画弧线，出汤于公道杯内。

④右手太极的轨迹顺时针执杯收于胸前，双手托杯放下盖碗。右手拿起杯盖，左手握住杯托，由6点钟方向转于12点，右手放回杯盖。

备注：①注水及出汤速度相对要快，没有多余的动作。

②出汤时要面冲自己，以示对客人的尊敬。

③泡茶讲究“观”，即双手将盖碗捧起，观照内心，觉知当下。“止”，即盖碗平移到胸前，知止中正，止语止念。“行”，即太极的轨迹出汤，内外兼修，重在践行。

2. 分茶

先将温热茶杯的水倒进水盂。为了讲卫生，手不要碰杯口，将茶杯拿到胸前，右手拿茶杯将温杯水倒在水盂里，双手执杯于胸前，再将品茗杯放回原处。单手执公道杯低斟分茶。

分茶时双手低斟，公道杯底忌朝向客人，下倾 45° 斟茶。

备注：不越物，不交叉，均分茶汤，谦恭礼敬。

背景音乐：《关山月》

活动方案六　行茶第九式请茶、第十式品茶

设计意图：

客来敬茶是人们日常社交和家庭礼仪中普遍的礼仪。无论是泡茶人请茶还是喝茶人接茶、端茶、品茶，都有讲究。请茶、品茶不仅能增加主客之间的交流，更能体现个人修养与生活情趣。大班幼儿学习请茶、品茶，能够促进幼儿学习以茶待客，提升对茶文化的认知与了解。

活动目标：

1. 乐于参与行茶十式，体验待客之道。

2. 会用手容恭和执杯礼进行请茶、品茶，学会尊重别人。

活动准备：

儿童行茶套组每人一套，品茗杯人手一只，绿茶、茉莉花茶、铁观音等不同种类的茶叶，背景音乐《关山月》。

活动过程：

一、师幼相互行诚礼，请幼儿说说自己最爱喝的茶。

请幼儿选择自己最爱喝的茶叶，倒入自己的茶罐中。

二、播放背景音乐《关山月》，教师操作行茶十式，请幼儿欣赏。

提问：老师最爱喝的茶已经请大家品尝过了，谁能说出茶叶的名字?

三、学习第九式请茶、第十式品茶。

1. 第九式：请茶。

（1）启发提问：刚才老师是如何请小朋友喝茶的? 有一个动作很关键，谁来说一说?

（2）一起来做手容恭。

儿歌：手容恭，双手和肩一样宽，胳膊弯曲向外开，双手十指向上扬，同时别忘行善礼，从左往右来敬茶。

2. 第十式：品茶。

（1）客人要望着主人的眼睛，向主人微笑致谢，感谢主人请自己品茶。

（2）学习执杯礼：左手执杯以为礼，右手托杯以为敬，感恩之心以为品。

3. 播放背景音乐，两人一组进行行茶十式，互相请茶、品茶。

三、情景讨论。

大毛和辰辰是一对好朋友。一天晚上，按照约定，大毛在奶奶的陪同下去辰辰家做客。辰辰的爸妈都在家，大毛很有礼貌地问好。辰辰用实际行动欢迎他的好朋友大毛和奶奶，那就是泡茶。辰辰在幼儿园里最喜欢行茶十式了，经常在家练习，他非常有礼貌地请大家喝茶，但是在敬茶的时候却犯了难：老师说过要从左往右给大家敬茶，但是大毛的奶奶既是客人也是长辈，却坐在中间，应该把第一杯茶敬给谁呢?

教师小结：在请客人入座的时候，可以请长辈和客人按照从左往右的位置坐。

四、师幼互相行躬礼，庆祝行茶十式全部学完。

活动建议：

1. 在生活体验区投放盖碗茶具，便于幼儿自主练习。

2. 请幼儿回家为长辈泡茶、敬茶。

背景音乐：《关山月》

区域活动（美工区）　装饰小茶社

活动经验：

主动参与班级墙饰、区域布置，能够创造性地利用各种废旧物品等进行制作。

活动材料：

收集有关茶社图片，绘画纸、水彩笔、油画棒、剪刀，各种废旧物品和自然材料。

指导建议：

1. 引导幼儿观察收集的茶社图片等资料，一起讨论小茶社有哪些需要装饰和改进的地方，怎样布置小茶社，需要制作、添置什么东西。

2. 请幼儿根据自己的兴趣查阅资料，自主布置环境，可以是墙面装饰，也可以利用废旧物品进行各种创造性制作，如茶壶、规则牌，并放置到小茶社区域。

3. 教师指导幼儿将制作好的作品摆在合适的位置，不断丰富、美化小茶社的环境，体验小主人的荣誉感和责任感。

区域活动（益智区）　拼贴行茶十式并排序

活动经验：

熟悉行茶十式内容，能将内容拼摆完整，并按步骤进行排序。

活动材料：

行茶十式图片，自制行茶十式拼图 24 ~ 36 块。

指导建议：

1. 引导幼儿观察行茶十式图片，熟悉并回忆行茶十式内容及步骤。

2. 教给幼儿基本的拼图方法，可由部分到整体，也可以先进行前两式的拼摆，再逐步增加。

3. 将拼摆出的内容按步骤进行排序。

半日活动　亲子茶会

活动目标：

让家长与幼儿沉浸在以茶为载体的和与美、敬与清的中华传统文化氛围中，感受茶文化对幼儿精神和道德规范的陶冶与提升。

活动准备：

1. 教师与幼儿一起排练行茶十式。
2. 儿童行茶套组每人一套、展示用桌椅、古琴音乐、茶服、茶点。

活动过程：

1. 幼儿更换服装后邀请家长进入活动室。
2. 主持人向大家问好，介绍活动内容。
3. 幼儿向家长行诚礼，以表示尊敬长辈。
4. 幼儿伴随音乐开始表演行茶十式。
5. 幼儿泡好茶后为家长敬茶，请家长品茶。
6. 邀请有意愿的家长，与幼儿共同体验行茶十式的操作。
7. 幼儿与同伴之间、与家长之间互相敬茶，品尝茶点。
8. 指导幼儿自己整理茶席及环境卫生，将物品归放整齐。

第六章

茶艺活动课程资源

	活动名称	教师教学资源
茶器	1. 认识瓷质茶具和玻璃茶具	背景音乐《阳关三叠》、课件《认识瓷质茶具和玻璃茶具》
	2. 认识陶土茶具	背景音乐《阳关三叠》、陶土茶具图片、故事音频《供春壶》
	3. 欣赏《中国茶具之美》	背景音乐《关山月》、课件《中国茶具材质之美》
	4. 大家来泡茶	背景音乐《阳关三叠》
	5. 茶具的洗护	视频《茶杯清洗》、茶具的洗护图片、清洗茶具步骤图片
	6. 纸杯茶壶	美工区纸杯茶壶图片
茶叶	1. 大红袍的传说	课件《大红袍的传说》、故事音频《大红袍的传说》
	2. 清香雅韵铁观音	课件《清香雅韵铁观音》、背景音乐《关山月》、故事音频《铁观音的传说》
	3. 茶末粘贴画	茶末粘贴画图片
	4. 欣赏《事茗图》	《事茗图》图片
	5. 绿茶	课件《绿茶》、故事音频《茶叶聚会》
	6. 红茶	课件《红茶》
	7. 白茶	课件《白茶》、故事音频《蓝姑采茶医众生》
	8. 六大茶类	六大茶类图片

续表

	活动名称	教师教学资源
茶礼	1. 歌曲《君子九容》	故事音频《多嘴的八哥》、歌曲《君子九容》、课件《君子九容》
	2.《茶礼拍手歌》	儿歌音频《茶礼拍手歌》、课件《茶礼拍手歌》、背景音乐《关山月》、茶礼图片
	3. 行姿	行姿图片、课件《行姿》
	4. 小茶童来敬茶	敬茶图片、音频《弟子规》
	5. 赏《茶经》，听《诗经》	《诗经》《茶经》系列音频
茶艺	1. 行茶第一式主客行礼、第二式备茶	课件《行茶十式》、背景音乐《关山月》
	2. 行茶第三式温器	温器图片、背景音乐《关山月》
	3. 行茶第四式投茶·摇香·闻香	背景音乐《关山月》、盖碗图片
	4. 行茶第五式温杯、第六式润茶	背景音乐《关山月》
	5. 行茶第七式泡茶、第八式分茶	背景音乐《关山月》
	6. 行茶第九式请茶、第十式品茶	背景音乐《关山月》

班级环境创设

环境创设意图：

幼儿园环境是幼儿园课程的一部分，在创设幼儿园环境时，要考虑它的教育性，应使环境创设的目标与本班的教育目标相一致。一个空间布局、色彩搭配诸方面和谐有序的环境，不仅能带给幼儿视觉上的舒适，更能带给他们心理上的愉悦和轻松，从而引发他们更多主动的、积极的行为。人们常说："没有不美的颜色，只有不美的搭配。"因此，在创设茶文化环境时，我们要结合幼儿的年龄特征和本班的主题特色，并结合中国民俗茶文化，开设茶文化活动区域。我们通过创设丰富的茶文化环境，激发幼儿的学习兴趣，布置相应的主题墙饰，并随着主题的发展，主题墙饰的网络图逐渐拓展。幼儿能够自己动手沏茶，了解茶文化，在潜移默化中培养热爱民族文化的情感，陶冶高尚情操。

环境创设目标：

通过创设茶文化环境，使幼儿体会茶文化中的古朴、雅致，提高审美情趣。

通过环境渗透主题教育活动和区域活动内容，增进同伴间的交往能力、合作能力及解决问题的能力。

墙面环境创设：

1. 在墙面上张贴六大茶类的代表名茶图片，并附上茶叶名称和功效，丰富幼儿对六大茶类的认知。

2. 将行茶十式的分解步骤图贴于墙面，幼儿可自主练习。

3. 创设区域主题板，对每周的主题进行展示。

4. 为了营造茶社的文雅气息，可在墙面展示有关茶艺的书画作品。

吊饰环境创设：

茶社区属于相对安静的区域，因此在吊饰上可选择纱或竹制隔断，将动静两种区域隔开。至于吊饰悬挂的内容，只要和茶文化相关的内容都可以进行悬吊，例如君子九容、行茶十式、六大名茶图片等，都可以通过精心制作，悬挂于吊顶上。

区域材料投放：

注水壶，儿童行茶套组，各种材质茶具，十大名茶茶叶及分类茶叶罐，各种关于茶文化的绘本，《弟子规》《诗经》《茶经》图书，各种茶礼图片，六大茶类介绍图片，行茶流程图，茶服，茶桌、茶椅，地垫。

小茶社区域环境布局：

小茶社墙面装饰：

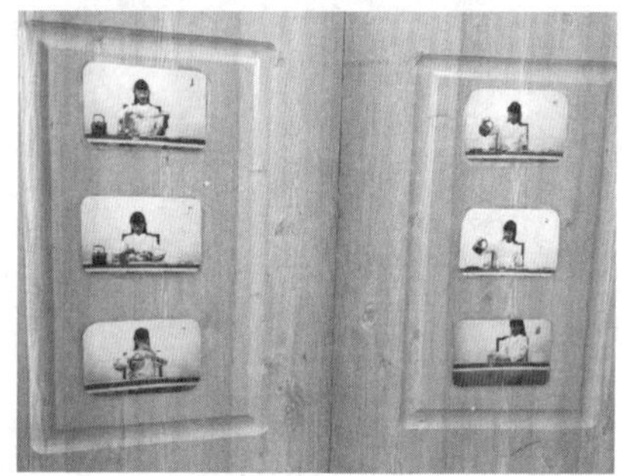

小茶社投放的材料：

茶文化体验室环境创设：

1. 茶具

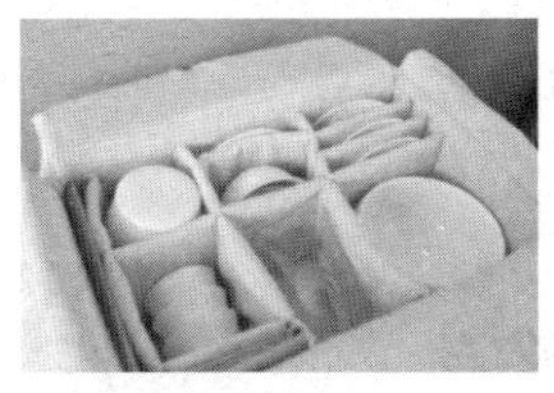

行茶套组

紫砂壶

玻璃器皿

煮水器

2. 茶服

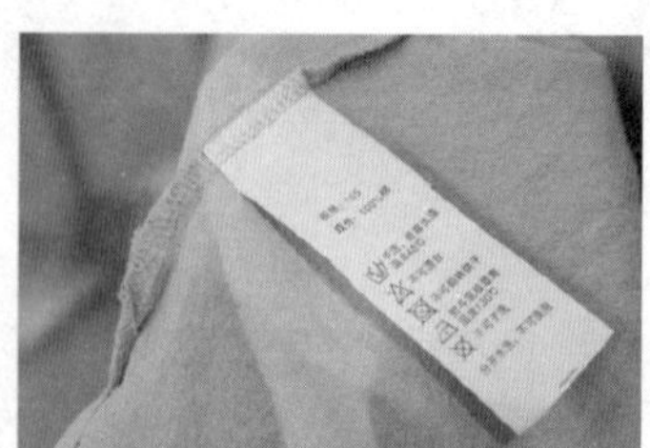

3. 茶叶

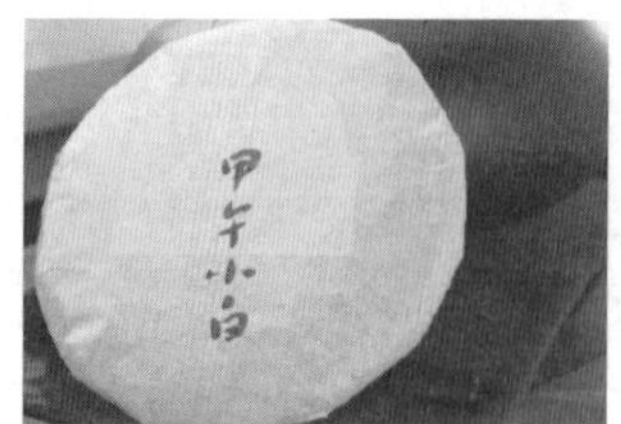

4. 茶桌

5. 茶书

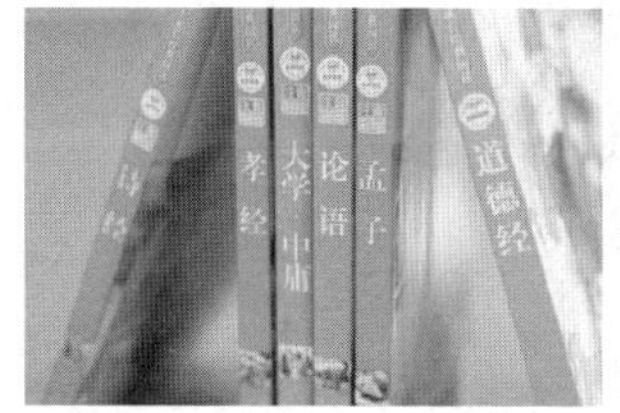

6. 气氛营造

博古架

器具架

茶席

茶席花

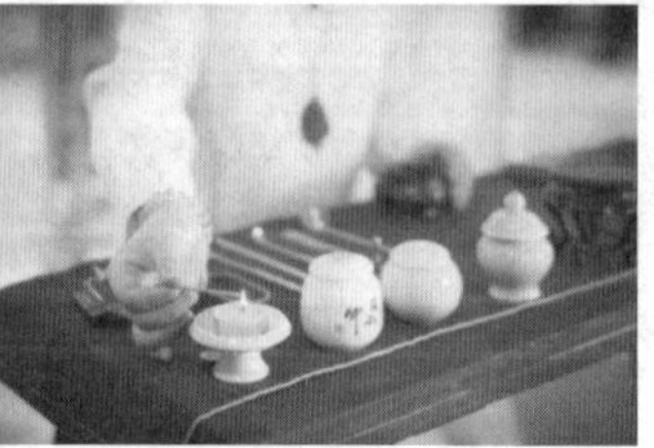

和香

衣架

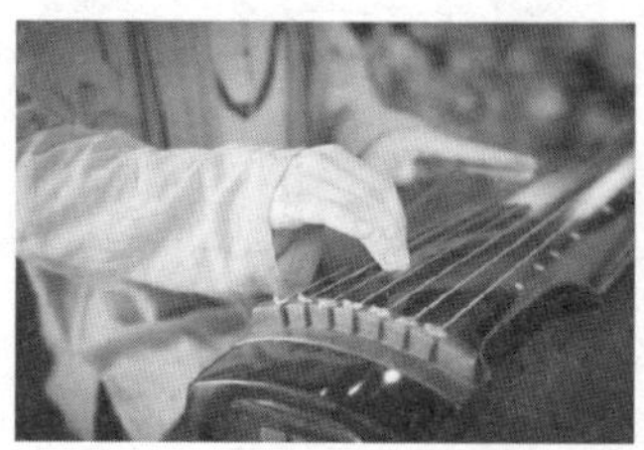
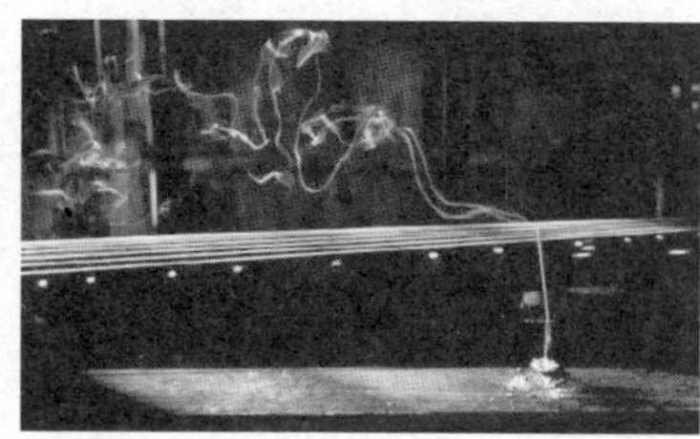

古琴

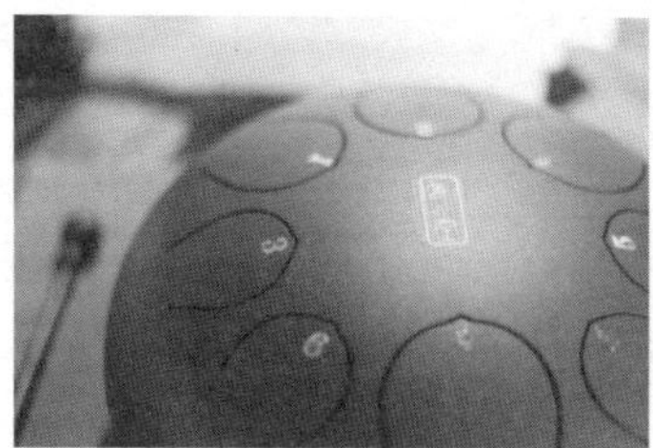

色空鼓